これからの

酪農経営と草地管理

土・草・牛の健康な循環でムリ・ムダをなくす

佐々木章晴＝著

農文協

はじめに

急速な勢いでグローバル化がすすむ二十一世紀。日本では円安が急速にすすみ輸入濃厚飼料や化学肥料の価格高騰が続いています。さらに、ＴＰＰ（環太平洋パートナーシップ協定）も二〇一四年内中の交渉妥結を目標に動いています。このような社会経済の動きは酪農家の皆様にとって、濃厚飼料や化学肥料にかかるコストの上昇と乳価の下落という、二重の意味において酪農経営を圧迫するものです。

こうした、現在の社会経済の動きのなかでも押しつぶされない安定した酪農経営が可能かどうか、可能だとしたらどのようなイメージなのか、その裏付けとしての科学的根拠はなにかについて、北海道根釧地方の酪農家の方々の実践から出発して検討したのが本書です。

経営安定化のカギは、「目指せ乳量○○○ｔ」という乳量と農業粗収益に注目する経営から、農業所得率と生産コストに注目する経営への発想の転換です。

化学肥料と濃厚飼料多給の高投入型酪農は、乳生産量と粗収益を高めるが、生産コストが高く所得率の低い不安定な経営になってしまいます。ところが、化学肥料と濃厚飼料を減らして乳量や頭数が減っても経営が成り立つ、むしろ安定化するのです。生産コストが減るだけでなく、乳量が減るほど農業所得は減らないのです。

それは、化学肥料と濃厚飼料が減ることで草地や草地土壌の質が変わり、それが健康な牛につながり、さらに良質な堆肥つくりにつながり、その堆肥が草地土壌に還っていくという、よい循環ができるためです。その結果、ムリ、ムダのない、肥料や飼料の利用率が高く、所得率の高い安定した経営が実現できるのです。

高投入型酪農から低投入型酪農への転換が、経営安定化への選択肢の一つであることを、多くの酪農家の方々にくみとっていただき、ご自身の土地に牛たちとしっかりと足をつけ家族とともに安定経営を築いていく、本書をそのきっかけにしていただければ幸いです。

執筆に当たって、多くの勉強をさせていただき、調査・研究にご協力いただいた北海道根釧地方の酪農家の皆様、「マイペース酪農交流会」の森高哲夫氏、高橋昭夫獣医師をはじめとした皆様、「もっと北の国から楽農交流会」の石田幸也氏をはじめとした皆様、酪農民にならなかった一番できの悪い弟子をここまで導いていただいた三友盛行、由美子夫妻に深く感謝申し上げます。また、鳥取大学の津野幸人名誉教授、札幌大学の岩崎徹教授、長尾正克教授、萬谷廸名誉教授、東京農業大学生物産業学部の小松輝行教授、酪農学園大学の吉野宣彦教授には、終始温かい励ましとご指導をいただきました。酪農学園大学の荒木和秋教授、干場信司教授、帯広畜産大学の花田正明教授、北海道大学の近藤誠司教授には、多くの間接・直接的な示唆をいただきました。紙面をお借りして深く感謝申し上げます。

最後に、本書を酪農生産現場で苦闘されている方々にわかりやすく編集をしていただいた、農文協編集部に厚くお礼申し上げます。

佐々木　章晴

二〇一四年五月

目次

第❷章　濃厚飼料が減ると経営はどう変わるか

第❸章　刈り取り時期によって変わる草の質

第4章 化学肥料のムダを減らす

第⑤章 「落ち穂」を残す精神
――牧草は土壌微生物と牧草の再生にも使われる

第6章 牧草にとってよい土壌を考える——pHと窒素とミネラルだけでは土はよくならない

第❼章 集約放牧と粗放的放牧を考える

第❽章　化学肥料と濃厚飼料を減らした経営は可能

イラスト　トミタ・イチロー

第1章 現代酪農はなぜ不安定か

1 乳量が増え農業粗収入は増えたが…

1 生産乳量を増やす二つの方法

今日まで酪農家のみなさんは、経営を改善し、収益を増やす努力を重ねてきた。収益を増やすためには、生産乳量を増やさなければならない。生産乳量を増やすには、二つの方法がある。一つは、乳牛の飼養頭数を増やすこと、つまり規模拡大。もう一つは、個体乳量を増やすことである。

乳牛をたくさん飼えるようにするために、スタンチョン方式の牛舎からフリーストール・ミルキングパーラー方式の牛舎へ建て替え、個体乳量を増やすために良質な粗飼料をつくり、牛のようすと乳の出具合をみながら濃厚飼料を与える。このような努力の結果、生産乳量を増やすことができ、農業粗収益を高めることができたはずである。

しかし、実態はどうだろうか。あなたの経営は、安定しているだろうか。

今までは次のような図式で考えていたと思う。生産乳量が増えれば農業粗収入も増え、農業粗収入が増えれば農業所得も増えると。

たしかに今までは、乳価は比較的安定しており、生産乳量が増える分だけ農業粗収入も農業所得も増えた。しかし、生産乳量を増やすことは、濃厚飼料の購入コストを増加させる。それでも円高傾向が続き、輸入穀物が安く手にはいり、濃厚飼料の価格も比較的安くなっていた。このため、農業粗収入から濃厚飼料の購入コストが差し引かれたとしても、農業所得が減ったという感覚はなかったと思う。

2 濃厚飼料・化学肥料の価格が上昇

ところが、状況が変わりつつある。穀物生産国の干ばつによって濃厚飼料の原料である穀物の生産量が減っているうえに、穀物市場が金融投機対象となっているために、穀物価格が上昇を続けている。さらに、アベノミクスにより円安が誘導されたため、ただでさえ高い穀物価格が、日本に輸入されるときにさらに高くなる。そんなこんなの事情で濃厚飼料の価格はじりじりと上昇を続けている。

化学肥料も同じような状況にある。リン酸肥料原料のリン鉱石は世界的に資源量が減少して価格が高騰している。窒素肥料は電気がなければ製造できない。福島第一原発の事故の影響による天然ガスの輸入増加により電力価格は上昇しているので、窒素肥料も価格が上昇すると予想される。

3 乳価が下落する可能性も

さらに追い打ちをかけようとしているのがTPP(環太平洋パートナーシップ協定)の交渉参加である。米や麦、乳製品、牛肉、豚肉、サトウキビ・ビートの重要五品目は、現在の輸入関税率を維持するのが目標だといわれているが、これからの交渉しだいではどうなるか非常に不安である。実際に重要五品目は、交渉妥結後二〇年以内の関税撤廃がアメリカから提示された。もし、輸入関税率が引き下げられた場合、乳価が下落する可能性も考えられる。

乳量が増え粗収益が増えても経営は安定しない

このように、コストはじりじりと上がり、乳価はじりじりと下がる気配がある。農業粗収益は少なくなるのに生産コストは上がる。酪農経営にとって、まさに、挟み撃ちの状態となる。「多少コストはかけても、とにかく生産乳量を増やし、農業所得を確保する」といった経営スタイルは、かなりむずかしくなってきているのが現状ではないだろうか。

生産乳量を増やし農業粗収益を増やすことに注目した経営スタイルは、転換を迫られている。しかし、そうではない経営スタイルとはどのようなものだろうか？　それをこれから考えていきたいと思う。

2　乳量が増え農業粗収益は増えても安定しない仕組み

1　三つの経営スタイルを比較

さて、なぜ経営が安定しないのかを具体的に考えてみよう。かつて広く行なわれていた、ひと昔前のやり方、粗飼料主体で放牧主体、そしてスタンチョン方式の牛舎の酪農、現在ではごく一部で実践されている、一言でいえば「低投入型酪農」と、スタンチョン方式でも乳生産を増やすために濃厚飼料の量を増やし、良質な粗飼料を食べさせるために時間制限放牧を主体にした「時間制限放牧酪農」、そして乳生産をさらに増やすために牛をたくさん飼えるようにした「フリーストール・ミルキングパーラー方式の酪農」の三つを比較してみたい。

これら三つの経営スタイルの比較は、北海道根釧地方の別海町、中標津町の二一戸の酪農家の方々の経営を調査させていただいたデータをまとめたものである。

大まかに、三つの経営スタイルの平均的な経営概要を紹介しよう。「フリーストール・ミルキングパーラー方式の酪農」は草地面積八〇ha、乳牛飼養頭数一四四頭（内搾乳牛一〇三頭）、年間生産乳量八八〇tである。「時間制限放牧酪農」は草地面積五三ha、乳牛飼養頭数六七頭（内搾乳牛五二頭）、年間生産乳量三三七tである。「低投入型酪農」は草地面積五五ha、乳牛飼養頭数五三頭（内搾乳牛四二頭）、年間生産乳量二七一tである。

２「フリーストール・ミルキングパーラー方式の酪農」で粗収益は増える

◆個体乳量を増やす方法

まず、個体乳量を考えてみよう。個体乳量を増やすためには、乳牛の遺伝的改良と高いＴＤＮ〈注1〉含量の飼料を確保することが必要になる（図1—1）。つまり、高いＴＤＮ含量のエサをたくさん食べさせることで乳量は増えるからである。

高いＴＤＮ含量の飼料を確保するためには、二つのポイントがある。

一つは粗飼料のＴＤＮ含量を高くすることである。中標津農業高校の採草地で、窒素の施肥量を増やしていくとＴＤＮ含量やＴＤＮ収量がどうなるかを実験してみた。

その結果、化学肥料などの窒素肥料をたくさん草地にまくと、窒素施肥量一九kg／一〇aまでは牧草のＴＤＮ含量が高くなる。同じように、窒素施肥量二七kg／一〇aまでは牧草のＴＤＮ収量が高くなる。一定の限度があるが、その限度までは化学肥料などの窒素肥料をたくさん草地にまくとＴＤＮ含量やＴＤＮ収量は増加する（図１―２、写真１―１）〈注２〉。

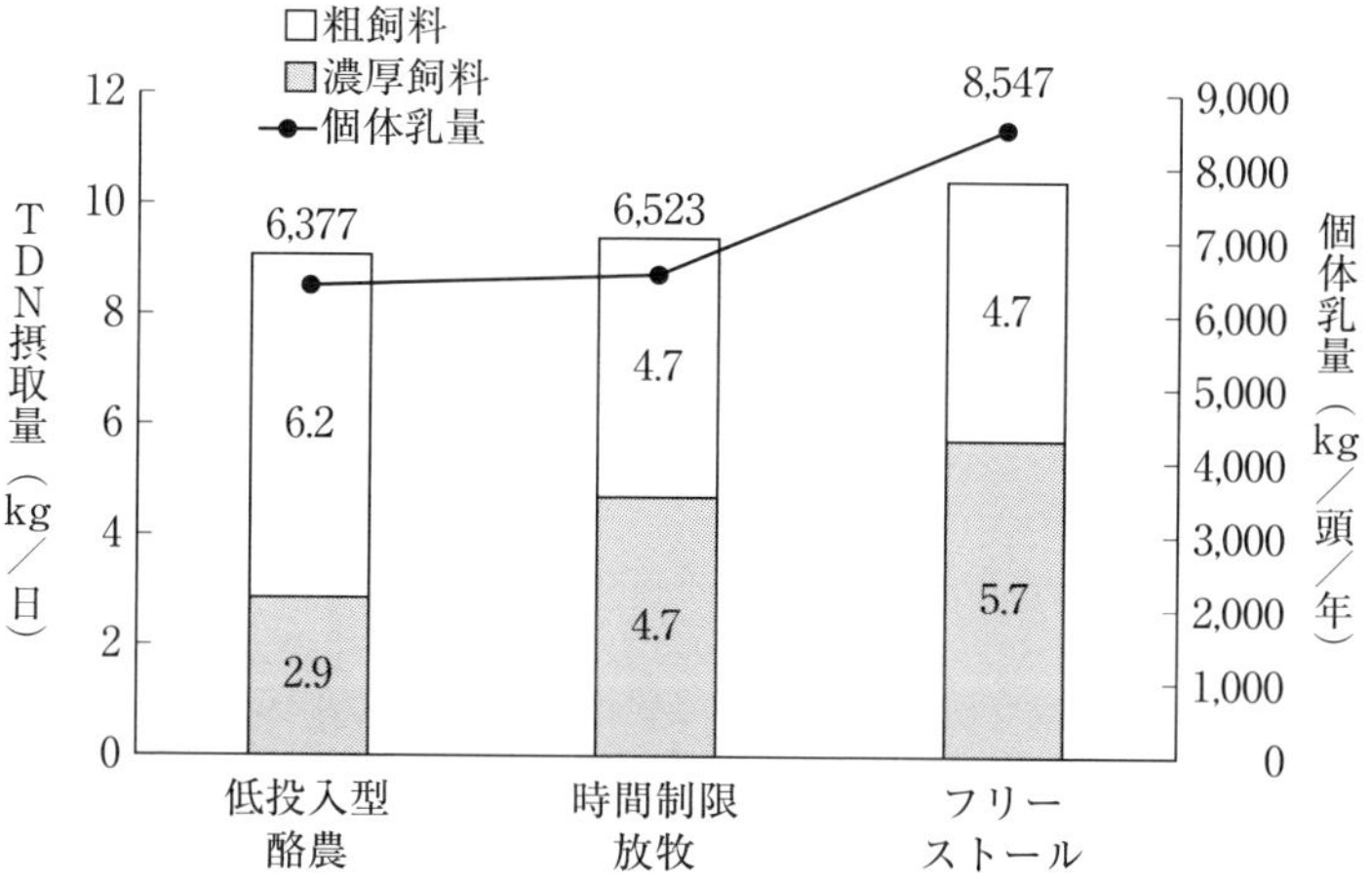

図１－１　濃厚飼料からのTDN摂取量が増えると乳量も増える

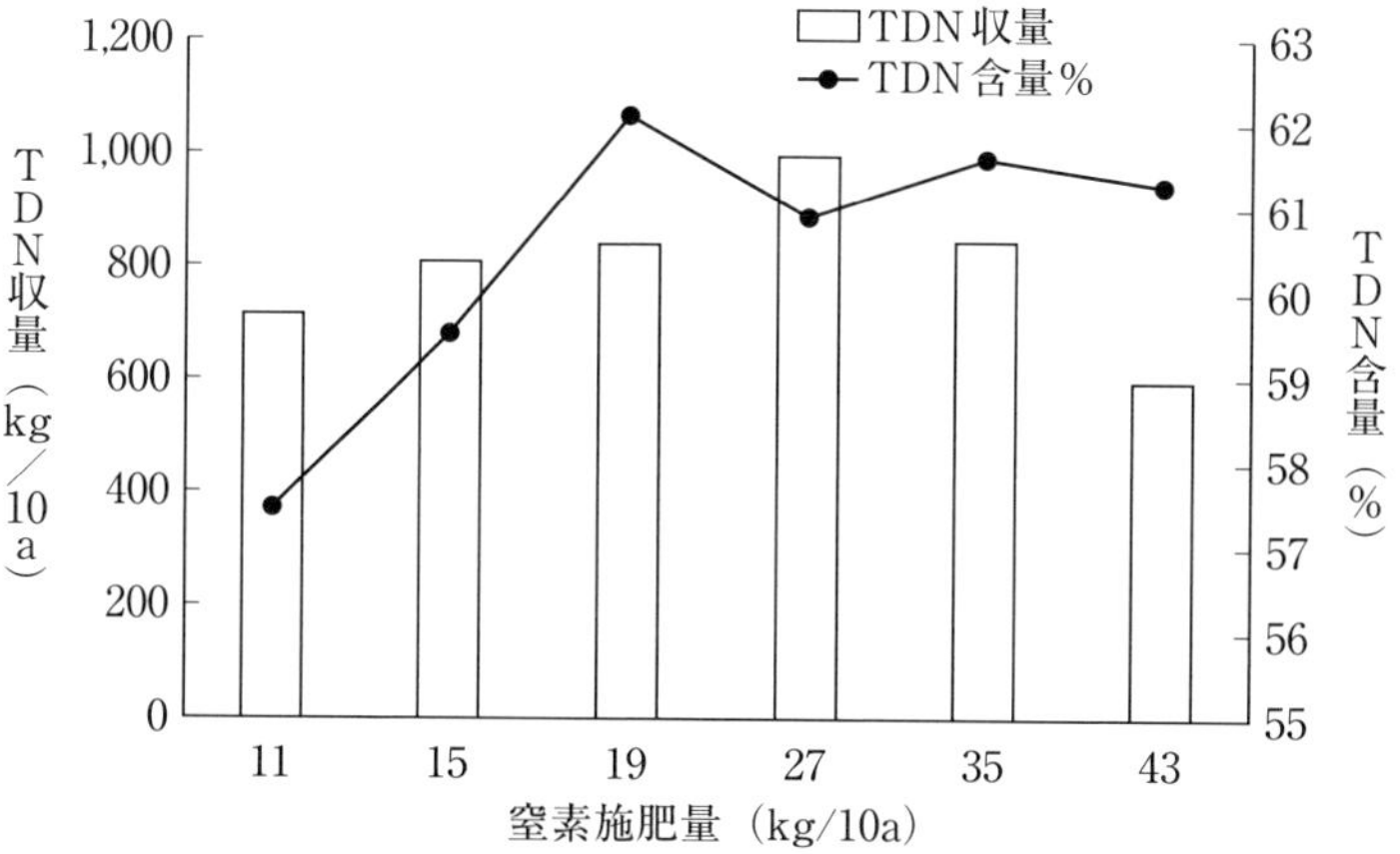

図１－２　窒素の施肥量が増えると，TDN収量もTDN含量も増える
（6月25日収穫，チモシー主体草地）

そこで、窒素肥料の量を増やすこと、そして、最もＴＤＮ収量が多くなる出穂期に収穫することが大事なポイントとなる。

もう一つは濃厚飼料の給与量を増やすことである。濃厚飼料はＴＤＮ含量が高いので、濃厚飼料の割合を増やせば、簡単にＴＤＮの高いエサになる。

〈注１〉日本語では「可消化養分総量」とよぶ。ごく簡単にいえば、牛が消化吸収できるエサ中の栄養分量である。一般的に、ＴＤＮが高いほうがエサ中の栄養分量が多く乳も多く生産される。

〈注２〉窒素肥料などの施肥量を増加させるとある一定量までは収穫量は増加するが、それ以上施肥量を増やしても収量が増加しないか、逆に低下する現象が一般的にみられる。これを収量漸減の法則という。

◆農業粗収益の比較

「低投入型酪農」では、濃厚飼料の給与量が少ないので、ＴＤＮの高いエサではない。そのため生産

① 11kg/10a 施用

② 19kg/10a 施用：TDN 含量，TDN 収量が高まる

③ 43kg/10a 施用：窒素が多すぎると倒伏して減収する

写真１－１　窒素施用量と牧草（チモシー主体草地）の生育

写真1－2　スタンチョン方式の牛舎内部

写真1－3　ミルキングパーラーで搾乳の効率化をはかる

乳量は低く、農業粗収益は大きくはならない。

「時間制限放牧酪農」にして、濃厚飼料の給与量を多くするとエサのTDNが高くなり、個体乳量が少し増え、同時に一頭当たりの粗飼料の必要量が少なくなる（図1―1）。農場全体として粗飼料の量が同じ場合、濃厚飼料を多くすることは牛をより多く飼養できることになる。その結果として農場全体の生産乳量は「低投入型酪農」よりも大きくなり、農業粗収益も大きくなる。

そして、「フリーストール・ミルキングパーラー方式の酪農」では、濃厚飼料の給与量がさらに多いのでTDNのより高いエサになっている。そのため個体乳量はさらに高くなる。しかも「フリーストール・ミルキングパーラー方式の酪農」では、フリーストールという乳牛が自由に自分の休息ストールを選べる方式のため、簡単に牛の頭数を増やすことができる。その結果として農場全体の生産乳量はより大きくなり、農業粗収益もより大きくなる。

つまり乳生産量を増やすためには、乳牛の遺伝的改良と高いTDN含量の粗飼料の確保、濃厚飼料の給与量を増やす、そして飼養頭数を増やすことが有効になる。いわゆる規模拡大である。規模拡大をすると、乳生産量は大幅にアップする。乳生産量をアップさせるためには、「フリーストール・ミルキングパーラー方式の酪農」が有利であり、その結果、農業粗収益を大幅に増やすことができたのである。

3 粗収益の大部分がコストで消える

——農業所得は「農業粗収益」よりも「生産コスト」で決まる

◆時間制限放牧酪農の経営内容

「フリーストール・ミルキングパーラー方式」の導入による大幅な規模拡大と、高いＴＤＮ含量のエサを乳牛に給与することにより、農業粗収益は大幅にアップした。農業粗収益が大幅にアップしたいっぽうで、もうかっているような気がするのに、なにか報われない思いもしておられる方々も多いのではないだろうか。

もうかっているようで、でも、もうかっていないような気がする。一生懸命規模を拡大し懸命に働いているにもかかわらず、報われないようななにかむなしい思いがする。この原因の一つは、規模拡大に見合った農業所得、つまり農業粗収益から生産コストを差し引いたふところにはいるお金が、思ったよりも少ないことにある。

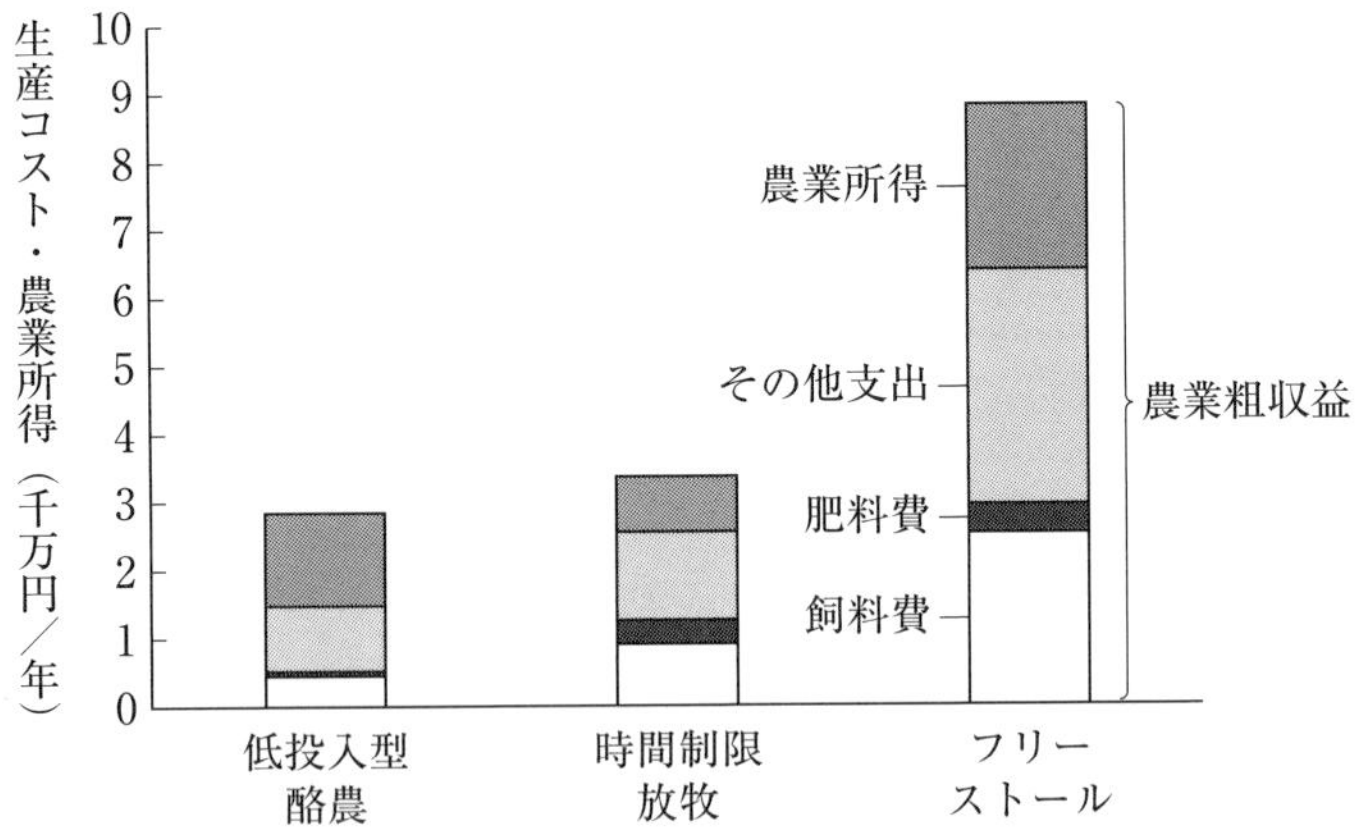

図1－3　農業粗収益が増えると，生産コストも増える

規模を拡大して農業粗収益は大幅に増えたが、農業所得が思ったほど確保できない、その原因はどこにあるのかについて、図1―3、表1―1を見ながら考えてみよう。

表1－1　低投入型酪農と，時間制限放牧，フリーストールの経営収支の内容

（単位：千万円）

	低投入型酪農	時間制限放牧	フリーストール
農業粗収益	2.85	3.37	8.82
生産コスト合計	1.48	2.57	6.41
（内訳）			
飼料費	0.48	0.92	2.51
肥料費	0.04	0.32	0.43
その他支出	0.95	1.32	3.47
農業所得	1.37	0.80	2.41
農業所得率（%）	48.1	23.6	27.3
草地面積（ha）	55	53	80
成牛頭数（頭）	53	67	144
年間生産乳量（t）	271	337	880

「フリーストール・ミルキングパーラー方式の酪農」に転換した方々の多くは、かつて「時間制限放牧酪農」を行なっていたと思う。「時間制限放牧酪農」では、農業粗収益は三四〇〇万円程度あるが、生産コストとして四分の三が消えてしまうために手元に残る農業所得は八〇〇万円程度となる。

◆経営を拡大してきた要因

さて、転換したときにどのような思いで、どのような判断をしたのか、思い出してみよう。

社会経済の情勢を眺めると、GATT（ガット、関税及び貿易に関する一般協定）、WTO（世界貿易機関）、それにTPPなど、経済のグローバル化による農産物価格下落への圧力は、この半世紀のあいだ常にあった。農産物価格の下落は、農業粗収益の減少に直結する。もちろん農業所得も減少することが予想される。

農産物価格が下落しても農業粗収益を確保するためには、生産乳量を増やすのが最も考えやすい選択となる。そして、後継者が本格的に経営に参加する年齢となり、さらに後継者に家族ができるとなると、

現状の収入では心もとないという事情もある。

生産乳量を増やすためには、乳牛頭数を増やし、個体乳量を増やさなければならない。とくに乳牛頭数を増やすためには、牛舎を大きくしなければならない。そこで「時間制限放牧酪農」で使っていたスタンチョン方式の牛舎から、「フリーストール・ミルキングパーラー方式の酪農」への転換を決断したと思う。さらに、離農者の増加により、近くに買ってほしいという草地が存在することも後押しして、草地面積も拡大させることができた。

◆フリーストール酪農の経営内容

「フリーストール・ミルキングパーラー方式の酪農」への転換の結果として、農業粗収益は八八二〇万円と大幅に増加し、農業所得も二四一〇万円と増加した。

たしかに「フリーストール・ミルキングパーラー方式の酪農」では、規模拡大して農業粗収益も農業所得も増大したが、そのいっぽうで、高いＴＤＮ含量の飼料を給与し、規模拡大に合わせた施設や設備を整備してきたので、生産コストも大幅に増えたはずである。生産コストの大部分は、機械・施設の減価償却（図表の「その他支出」にあたる）と、濃厚飼料と化学肥料の購入費である。とくに毎年かかる消耗品費である濃厚飼料と化学肥料の購入費は、生産コストの半分近くをしめる。

◆規模拡大しても収益の四分の三が生産コスト

「フリーストール・ミルキングパーラー方式の酪農」のように、化学肥料と濃厚飼料をたくさん使う経営の場合、生産乳量が多くなるために農業粗収益は大きくなる。しかし、生産コストも大きくなる。したがって、農業所得は農業粗収益の四分の一程度（二七・三％）になる。つまり、収益の四分の三が生産コストとして消えてしまうのである。

これは「時間制限放牧酪農」でも同じことがいえる。農業所得は農業粗収益の四分の一程度（二三・六％）であり、収益の四分の三が生産コストとして消えてしまう。「時間制限放牧酪農」「フリーストール・ミルキングパーラー方式の酪農」双方とも経営構造は、「高コスト」であることに変わりはないのである。ちがうのは規模、つまり乳牛の頭数と草地面積が多く、施設機械が大型であることである。「高コスト」の経営構造をそのままにして農業所得を増加させるには、農業粗収益を増加させる、つまり規模拡大しかないのである。

◆農業所得率向上をめざす低投入型酪農

多くの酪農家の方々は「農業粗収益」に注目する。農業粗収益はとりあえずはいってくるお金である。それが多いと「なんとかなる」と少し安心できる。

それに対して、ちがった選択をした酪農家の方々も少数ながら存在する。その方々は「農業所得率」に注目している。つまり、農業粗収益に対して手元に残る農業所得の割合（＝農業所得率）に注目した経営を行なっている。

「農業所得率」を上げるためには、農業粗収益を減らす原因である「生産コスト」を圧縮する必要がある。「生産コスト」の半分近くは化学肥料と濃厚飼料の購入費である。「農業所得率」を上げるために、これらを削減していく（あるいは、低いまま維持していく）選択をした「低コスト」の酪農経営が出現した。いわゆる「低投入型酪農」である。

◆少ない農業粗収益でも農業所得を確保できる

「低投入型酪農」では、化学肥料と濃厚飼料をそんなに使っていない。生産乳量が少ないため農業粗収益は小さくなるが、生産コストも小さくなる。農業粗収益は小さいが、農業所得は農業粗収益のほぼ半分（四八・一％）となり、それほど少なくならない（図1―3、表1―1）。

農業粗収益だけでみると、「低投入型酪農」よりも「フリーストール・ミルキングパーラー方式の酪農」は三倍程度ある。しかし、農業所得は一・八倍程度でしかない。

実際に生活をしたり子供たちの学費を捻出したり、クルマを買ったり家を建てたり貯金をしたり、将来の施設・設備更新のために蓄えておくお金、自由に使えるお金が「農業所得」である。農業粗収益が増えると農業所得は増えるものの、農業粗収益と同じように（同じ割合で）増えるとはかぎらないのである。

農業所得は、生産乳量による売り上げである「農業粗収益」だけでは決まらない。「農業粗収益」から差し引かれる「生産コスト」が大きいか小さいかによって、最終的な「農業所得」が決まるのである。逆にいうと、「低投入型酪農」のように農業粗収益が小さくても生産コストが小さければ、そこそこの農業所得が確保できることになる。

4 酪農の生産コストの大部分は化学肥料と濃厚飼料

もう一度、図1—3、表1—1を見ていただきながら「生産コスト」の中身をふり返ってみよう。

「フリーストール・ミルキングパーラー方式の酪農」では、生産コストの半分近くは化学肥料と濃厚飼料でしめられている（今回調査した二一戸の酪農家の方々は、粗飼料を購入していないので「飼料費＝濃厚飼料費」となる）。農業粗収益で考えてみても、売り上げの三分の一が濃厚飼料と化学肥料に消えていくことになり、決して小さくないコストである。「フリーストール・ミルキングパーラー方式の酪農」よりも農業粗収益が三分の一程度と少ない「時間制限放牧酪農」でも同じことがいえる。

一般的に酪農経営にとって、化学肥料と濃厚飼料のコストはどうしても必要な避けられないコストであり、同時に、重くのしかかるコストでもある。

しかし、「低投入型酪農」では、そもそも化学肥料と濃厚飼料のコストは「フリーストール・ミルキングパーラー方式の酪農」のそれぞれ一〇分の一、五分の一程度である。化学肥料と濃厚飼料のコストは、生産コストの三分の一程度にすぎない。「低投入型酪農」では、化学肥料と濃厚飼料を削減できると、生産コストを小さくでき、少ない乳量、つまり少ない農業粗収益でも農業所得を確保することができる。

3 化学肥料と濃厚飼料の削減は可能

1 化学肥料と濃厚飼料を減らしても乳量の減り方は小さい？

さて、化学肥料と濃厚飼料を削減できると、生産コストを小さくできるが、そのことで農業所得を確保できるのはなぜか？　ということがわからないままである。

化学肥料と濃厚飼料を減らすと、減らした分、乳生産量は減ってしまう。たしかに乳生産量は減るものの、実際には、その減り方が小さいのである。乳生産量の減り方以上に生産コストを小さくできないと、農業所得を確保できないはずである。

化学肥料と濃厚飼料を減らしても、そんなに乳生産量が少なくならない、そんな虫のいい話があるのだろうか？　そこで、化学肥料と濃厚飼料を減らすとどうなるか、について少し考えてみよう。

2 化学肥料と濃厚飼料を「窒素」に換算してみると

◆牧草や乳の生産を左右する窒素

牧草にしても牛にしても、牧草収量や乳生産量を大きく左右する肥料分は「窒素」である。化学肥料として窒素を草地に施すと、牧草が吸収して牧草のタンパク質になる。濃厚飼料はもともとトウモロコシや大豆かすなどが原料なのでタンパク質が豊富である。これらのエサのタンパク質は、牛乳の主成分である乳タンパク質の原料なので、エサのタンパク質が多くなると乳生産量は増えることになる。

つまり、化学肥料と濃厚飼料をなぜ使うのかという一つの答えは、窒素を補給することで牛が食べるタンパク質を多くして、乳生産量を多くしたいからである。

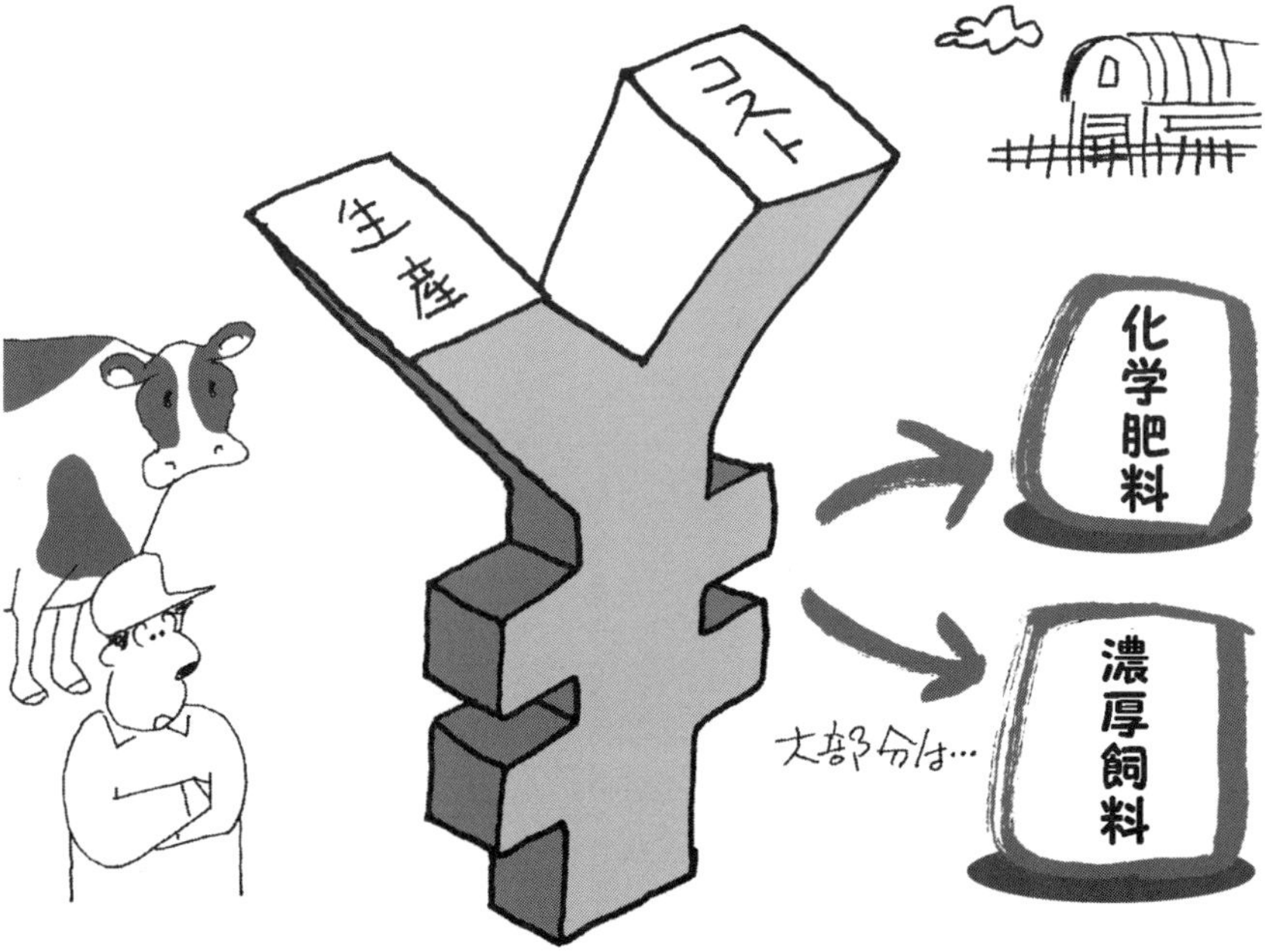

生産コストの大部分は化学肥料と濃厚飼料

◆窒素の投入量が増えるほど乳生産量は増える

そこで、化学肥料と濃厚飼料を合わせて考えるために、全て窒素に換算して解析してみよう。化学肥料と濃厚飼料を窒素に換算して考えてみると、窒素の投入量が増えるほど、乳生産量は増える（図1―4）。「低投入型酪農」にくらべて、「フリーストール・ミルキングパーラー方式の酪農」は、窒素の投入量が四倍になっている。そして乳生産量は二倍になっている。投入される窒素の内訳は濃厚飼料が四分の三をしめており、濃厚飼料がいかに乳生産量を増やすかが、ここでも確認できる。

3 窒素の投入量が四倍になっても乳生産量は二倍にしかならない

◆窒素の投入量に見合うほど乳量は増えない

ここで注意してみていただきたいのは、化学肥料と濃厚飼料として施される窒素の投入量が四倍になっているにもかかわらず、乳生産量は二倍にしかなっていないことである。与えた化学肥料と濃厚飼料に見合った分ほど乳生産量は増えていないのである(図1―4)。これは一体どうしてなのだろうか?

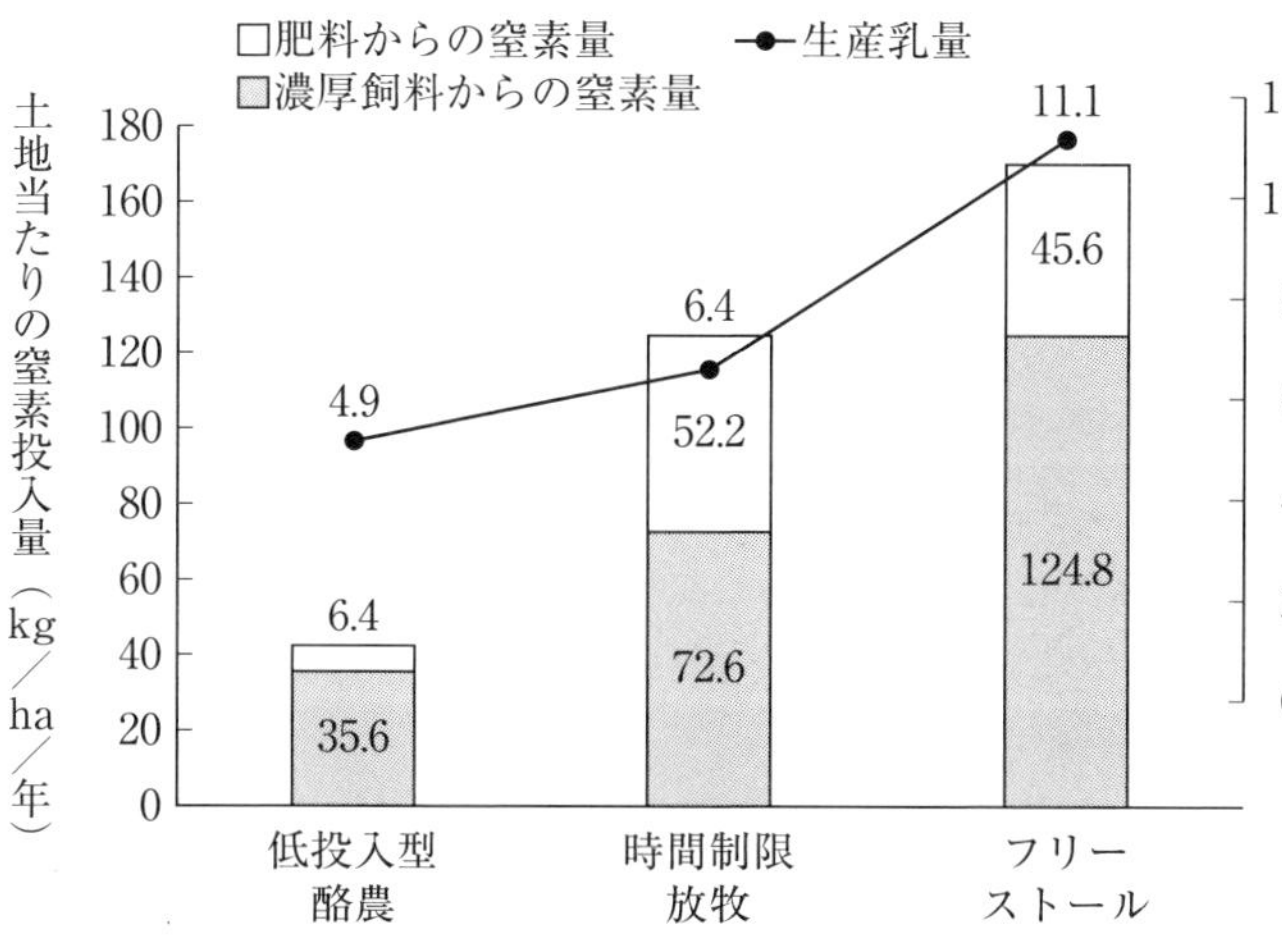

図1－4　窒素の投入量が増えると生産乳量は増える

じつは、化学肥料と濃厚飼料を増やして窒素をたくさん施すと、乳生産量はたしかに増えるものの、乳生産に使われる窒素よりも逃げていってしまう窒素が増えるのである。この逃げていってしまう窒素のことを「余剰窒素」という。

◆窒素を増やすほど効率的に使われなくなる

「時間制限放牧酪農」や「フリーストール・ミルキングパーラー方式の酪農」では、この余剰窒素が「牛乳になる窒素」の約二倍になっている。せっかく化学肥料と濃厚飼料を増やして窒素をたくさん施しても、三分の二が余剰窒素として逃げていってしまう。つまり、「牛乳や個体販売として有効に利用できる窒素」は三〇～三五%程度しかないのである(図1―5)。

せっかく投入した化学肥料と濃厚飼料が、投入量を増やせば増やすほど、効率的に使われなくなる。つまり、化学肥料と濃厚飼料という生産コストをかけても、かけた分ほど乳生産量は上がらず、生産コストである化学肥料と濃厚飼料の利用効率が落ちるのである。これが、生産コストをかけても農業所得率が低いままになる大きな原因だったのである。

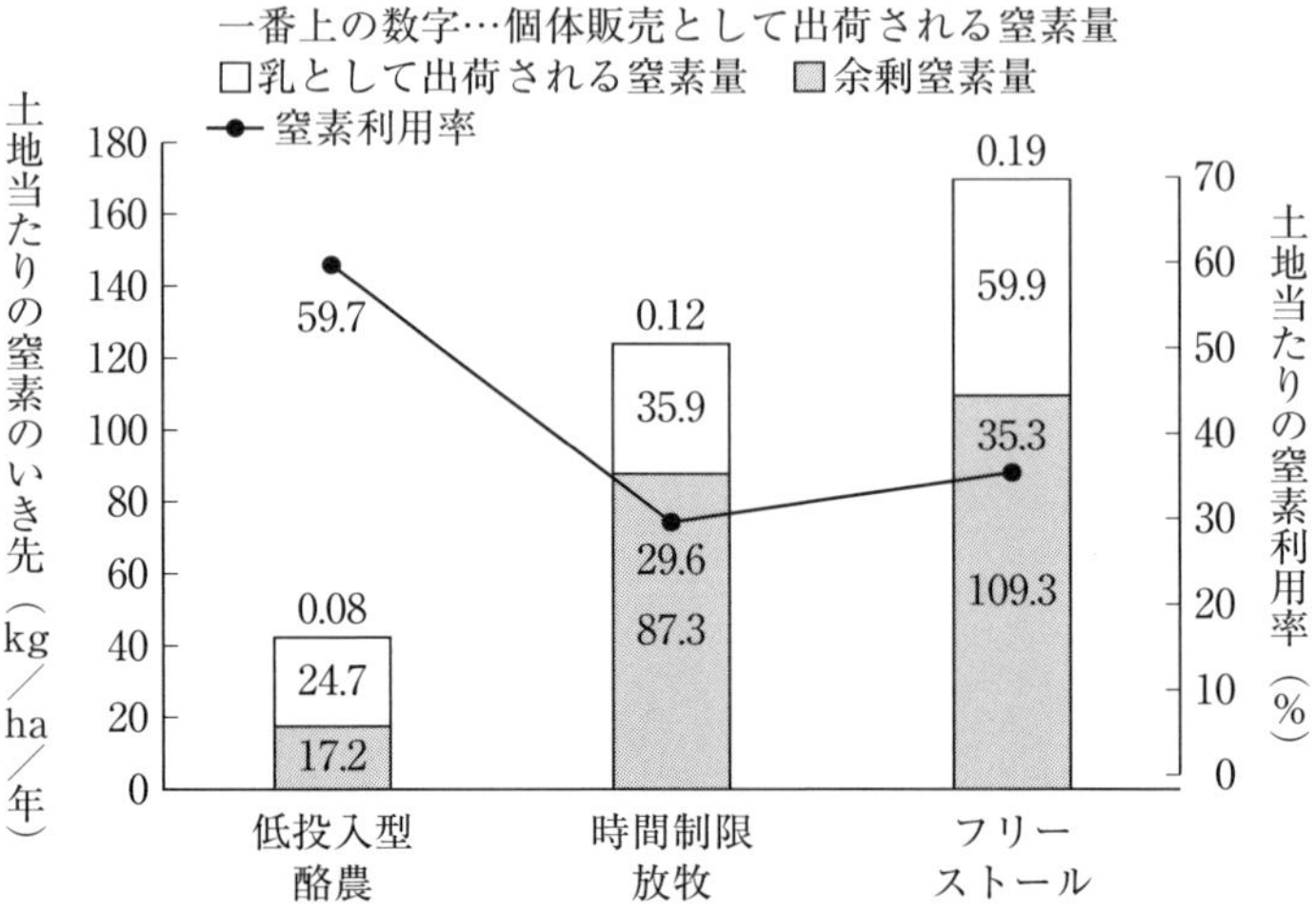

図1－5　窒素の投入量が増えると窒素利用率が下がり，使い切れない窒素（余剰窒素量）が増える

注）個体販売として出荷される窒素は非常に小さいので，グラフにあらわれてこない

4 窒素の投入量が三分の一でも乳量はそこまで減らない

◆低投入型酪農では窒素の六〇％が牛乳になる

いっぽうで「低投入型酪農」をみよう。乳生産量が少ないため、牛乳になる窒素は多くはない。「フリーストール・ミルキングパーラー方式の酪農」の三分の一程度である。しかし、余剰窒素として逃げていく窒素は少なく、化学肥料と濃厚飼料から施される窒素の六〇％が牛乳になる（図1―5）。

◆生産コスト削減効果のほうが大きい

化学肥料と濃厚飼料の投入量を減らすと、牛乳を生産する窒素が効率的に使われる。つまり、化学肥料と濃厚飼料という生産コストを減らしても、減らした割合ほど乳生産量は減らない。結果として生産コストである化学肥料と濃厚飼料の利用効率は上昇する。これが、生産コストをかけないことが農業所得率を増やし、そこそこの農業所得が確保できる大きな要因になっている。

結果的に、化学肥料と濃厚飼料を減らしても、思ったよりも乳生産量は減らず、化学肥料と濃厚飼料を減らすことによる生産コスト削減効果のほうが大きく、農業所得率が大きくなり、農業所得は思ったよりも小さくならない。

しかし、新たな疑問がわいてくると思う。そもそも化学肥料と濃厚飼料をたくさん使っている酪農経営から「低投入型酪農」への転換は可能なのか、そして、化学肥料と濃厚飼料の利用効率を高めるためにはどうしたらよいか、という二つの疑問である。次の章では「低投入型酪農」への転換は可能なのかどうかを考え、さらに、化学肥料と濃厚飼料の利用効率を高めるポイントについて考えていこう。

第2章

濃厚飼料が減ると経営はどう変わるか

この章では、「フリーストール・ミルキングパーラー方式の酪農」で採草利用を中心とした経営をモデルにして話をすすめよう。濃厚飼料を減らすと糞尿も減るが、それによって草地からのTDN生産量はどうなるか、そして、乳牛の飼養頭数や生産乳量、生産コストがどうなっていくのか、最終的には農業所得はどうなるのかをシミュレーションしてみよう。

さらに踏み込んで、濃厚飼料が減ることと糞尿が減ることによって、牧草の成分がどうちがってくるかも考え、それが牛の健康状態にどのように影響するかも検討してみよう。

ここでシミュレーションする酪農経営の最初の姿は、表1―1（23ページ）で示した、北海道根釧地方で平均的な「フリーストール・ミルキングパーラー方式の酪農」である。具体的な経営概要は、成牛換算乳牛頭数一四四頭（内搾乳牛一〇三頭）、草地面積八〇ha、個体乳量八五四七kg、年間生産乳量八八〇t（八五四七kg×一〇三頭）、濃厚飼料給与量一頭当たり乾物で八・九kg、化学肥料施肥量は窒素換算で一〇a当たり四・六kgである。

1　草地のTDN生産量を左右するのは化学肥料と濃厚飼料

1 化学肥料と濃厚飼料を減らすと牛が減る！

◆濃厚飼料を減らすと草地のTDN生産量は低下

まず濃厚飼料を減らすと糞尿も減るが、それによって草地のTDN生産量はどうなるかについて検討しよう。

化学肥料からの窒素と濃厚飼料からの窒素（糞尿の窒素）が増えると、草地のTDN生産量は増える。逆に、化学肥料からの窒素と濃厚飼料からの窒素（糞尿の窒素）を、「低投入型酪農」のように「フリー

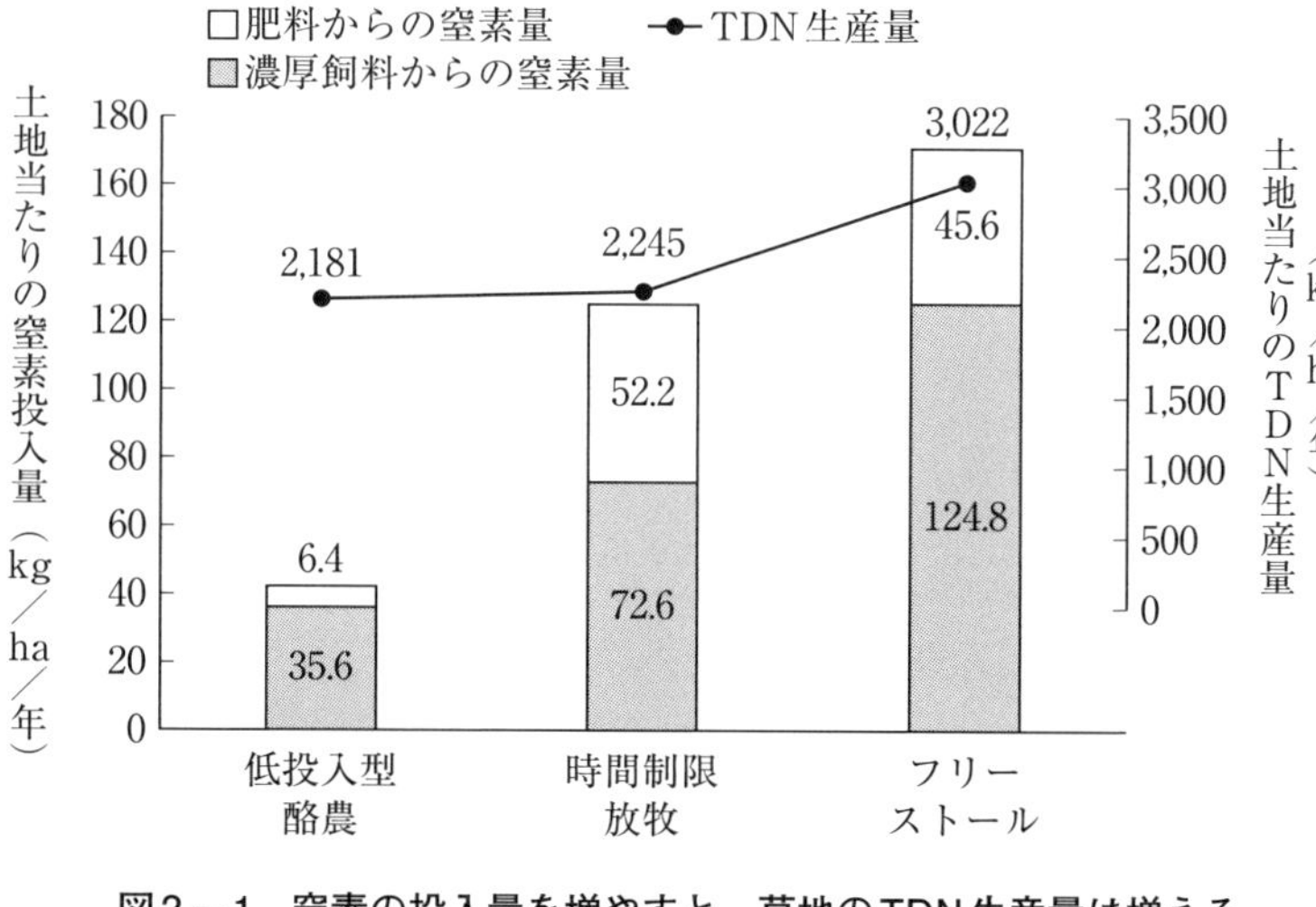

図2－1　窒素の投入量を増やすと，草地のTDN生産量は増える

ストール・ミルキングパーラー方式の酪農」の四分の一に減らしてしまうと、草地のTDN生産量は七割程度になってしまう（図2―1）。つまり、濃厚飼料の削減は、草地のTDN生産量を低下させてしまうのである。

◆牛の頭数も減らさないといけなくなる！

草地のTDN生産量が減ることは、酪農場の乳牛飼養可能頭数を減らすことになり、濃厚飼料の削減は、牛の頭数の削減も考えなければならないことになる。

「牛の頭数を減らす！」。牛の頭数を増やして牛乳の生産量を増やし、農業粗収益を増やしてきたからこそ現在の経営的安定がある、というこれまでの常識ではとても考えられない選択であり、未知の領域である。この未知の領域がはたして可能なのか、考えていこう。

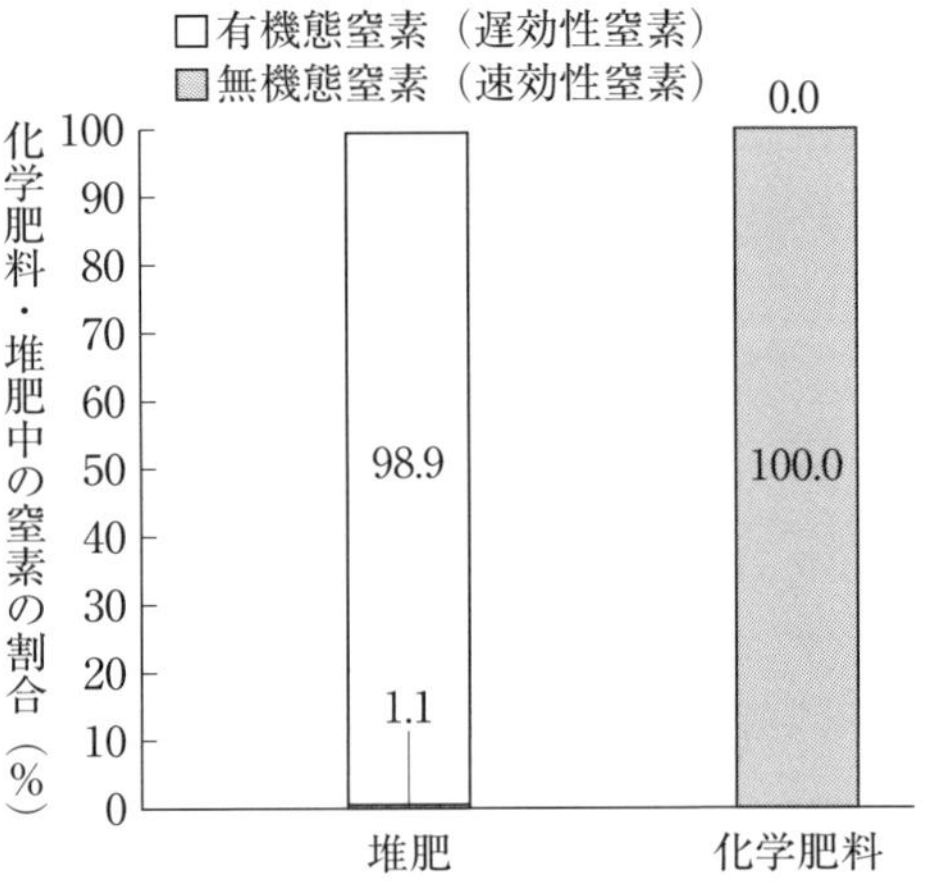

図2－2　化学肥料と堆肥の窒素の内訳

2 化学肥料よりも先に濃厚飼料を削減すべき

◆堆肥やスラリーは遅効性

濃厚飼料は牛に食べられて糞尿になり、堆肥やスラリーになって草地に散布されるが、堆肥やスラリーに含まれる窒素やミネラルは、散布した年に一〇〇％牧草に吸収されるわけではない。遅効性なのである。窒素でみると、速効性の窒素は一％程度しかない。いっぽう、化学肥料に含まれる窒素やミネラルは、大部分が散布した年に牧草に吸収される。同様に、含まれている窒素も速効性のものがほとんどである（図2―2）。

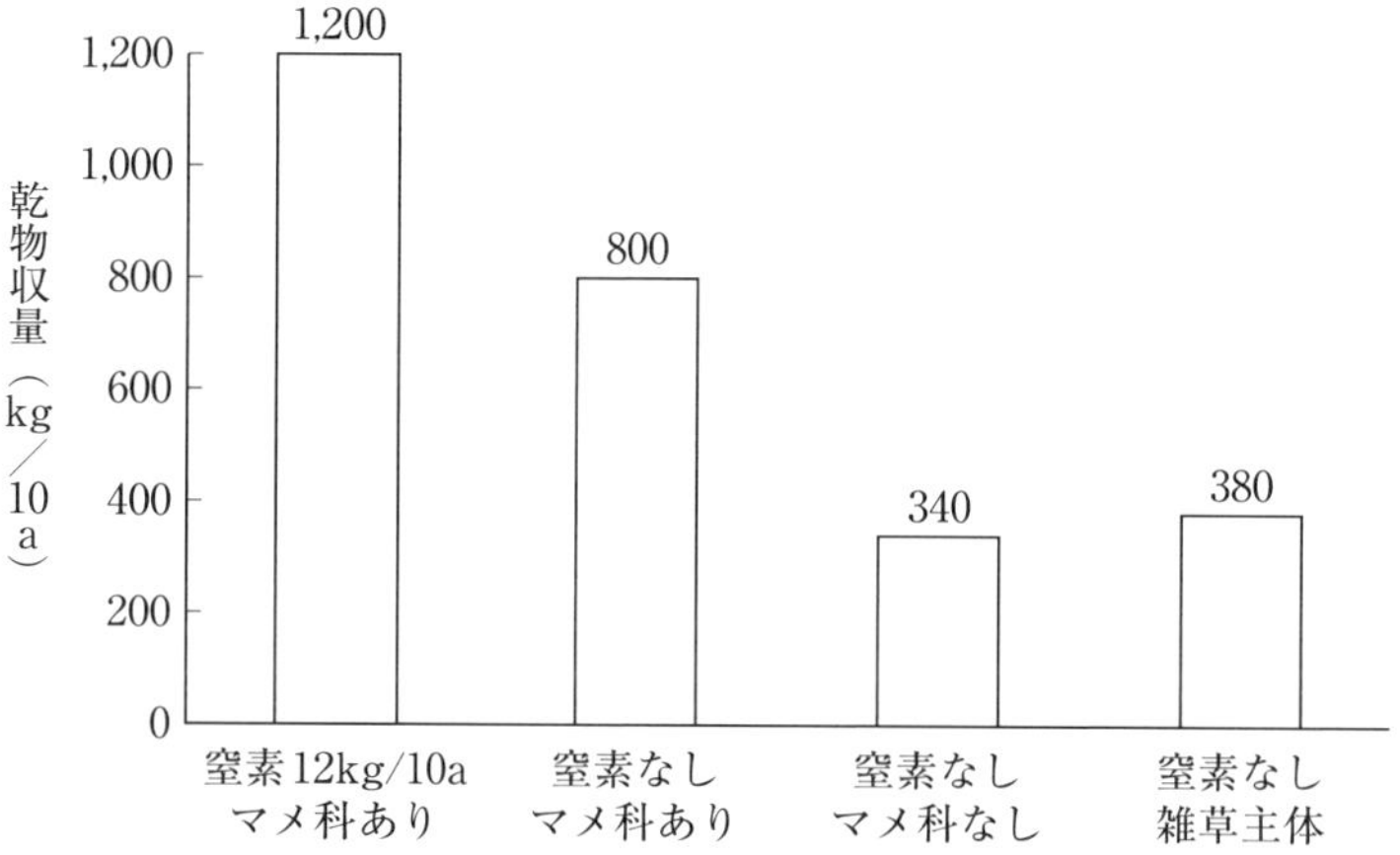

図2－3　速効性窒素とマメ科牧草がないと，牧草の収量は極端に下がる（根釧農試1987より引用）

◆地力のない草地では速効性窒素が必要

詳しい理由は後の章で説明するが、「フリーストール・ミルキングパーラー方式の酪農」で採草利用を中心にした経営では、地力が消耗している草地が多い。地力が充分にないときに化学肥料を減らすと、土壌中の速効性の窒素とミネラル、とくに速効性窒素を大きく減らしてしまうおそれがある。

地力がないときに土壌中の速効性の窒素やミネラルが減ると、牧草生産量を大きく減らすことになる。とくに窒素固定を行なうマメ科牧草がほとんどない草地では、化学肥料による速効性窒素を施さないと、牧草の収量が四分の一にまで落ち込むことがある（図2―3）。

そのため、ただちに化学肥料を減らすことはむずかしい。地力が消耗しているこの段階では、化学肥料は減らさないほうが無難である。

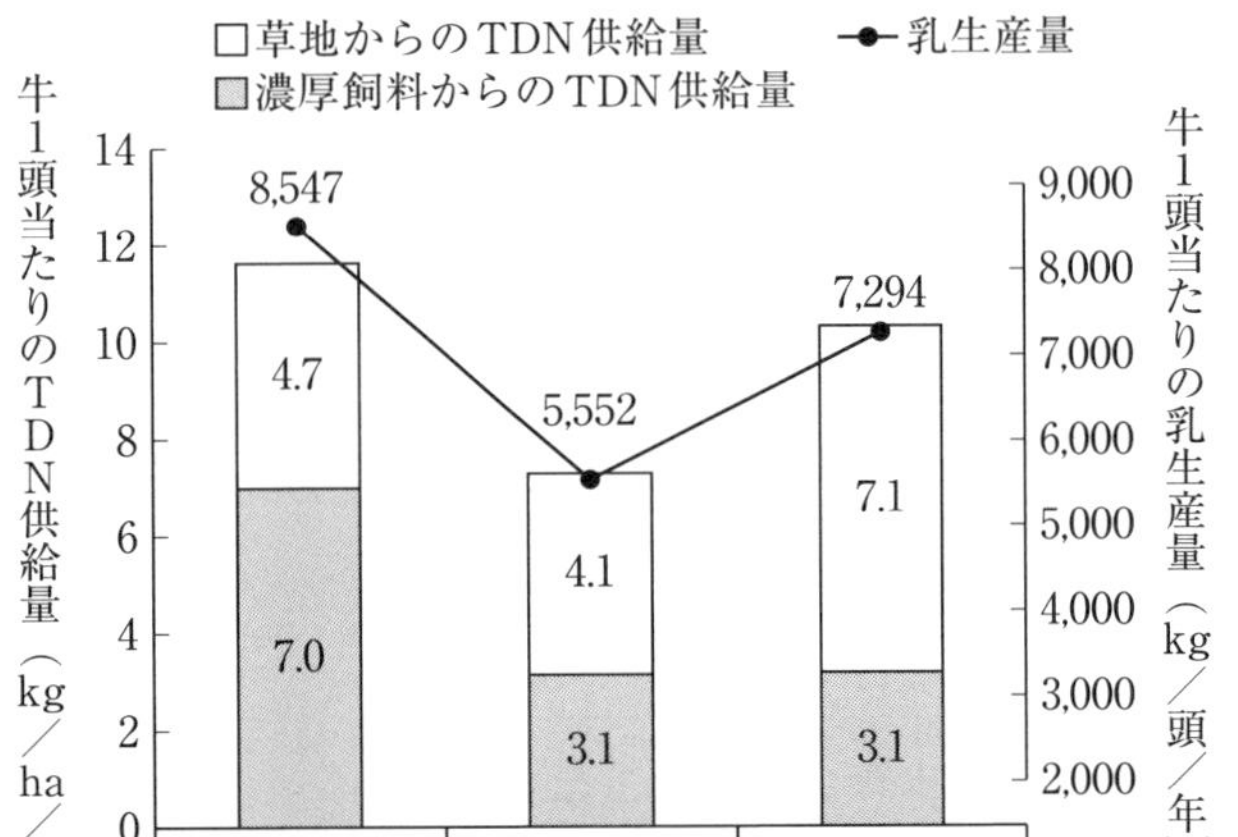

	濃厚飼料削減前	濃厚飼料削減後	さらに牛も減らした場合
1頭当たりの濃厚飼料（kg/頭/日）	8.9	4.0	4.0
乳牛頭数（頭/農場）	144	144	79
1頭当たりの年間乳量（kg/頭/年）	8,547	5,552	7,294

図2－4　配合飼料を減らすと，TDN給与量は減少し，乳量も減少する

◆堆肥やスラリーが減っても牧草は大幅に減収しない

逆に、速効性の窒素が少なく遅効性の窒素が多い堆肥やスラリーは、草地に施す量が減っても大幅に牧草収量が減ることはない。堆肥やスラリーが減ってもいいということは、濃厚飼料が減ってもいいということである。

以上のことから、生産コストのうち、化学肥料と濃厚飼料のどちらを先に減らすかを考えた場合、まず濃厚飼料を減らすのが無難といえる。

3 濃厚飼料が減ると草地のTDN生産量が減り牛も減る

——個体乳量も低下する

◆濃厚飼料を一日八・九kgから四・〇kgに減らしてみる

それでは具体的に、北海道根釧地方で平均的なフリーストール・ミルキングパーラー方式の経営を行

表2－1　濃厚飼料と牛を減らしたときの経営概要（単位：千万円）

	濃厚飼料削減前	濃厚飼料削減後	さらに牛も減らした場合
草地面積（ha）	80	80	80
成牛換算頭数（頭）	144	144	79
搾乳牛（頭）	103	103	64
育成牛（頭）	82	82	30
1頭当たり乳生産量（kg/頭/年）	8,547	5,552	7,294
粗飼料給与量（DMkg/頭/日）	7.2	6.4	11.0
濃厚飼料給与量（DMkg/頭/日）	8.9	4.0	4.0
粗飼料給与量（TDNkg/頭/日）	4.7	4.1	7.1
濃厚飼料給与量（TDNkg/頭/日）	7.0	3.1	3.1
窒素肥料投入量（kg/農場）	3,642	3642	3,642
窒素投入量（肥料として）	45.6	45.6	45.6
（Nkg/ha）（濃厚飼料として）	124.8	71.6	39.2
窒素搬出量（乳として）（Nkg/ha）	60	39	32
余剰窒素量（Nkg/ha）	109	78	53
窒素利用率（%）	35	33	37

注）1. 乳代粗収益は「乳代のみによる農業粗収益」
2. 乳代所得は「乳代粗収益」から「生産コスト」を差し引いた「乳代のみによる農業所得」
3. 乳代所得率は「乳代粗収益」からの「乳代所得」の割合とした

なっている酪農家（経営の内容は23ページ、表1―1参照）が、濃厚飼料を減らすと経営内容がどのように変化するのかをみたのが図2―4である。

濃厚飼料を搾乳牛に乾物で一頭当たり一日八・九kg給与していたところを、乾物で四・〇kgまで減らしてみる。濃厚飼料を乾物で一頭当たり一日八・九kg給与することは、エサの約半分が濃厚飼料であることを意味する（搾乳牛一頭当たりの乾物摂取量は一日二〇kg程度）。本来牛は反芻動物であり、主食は草などのセンイが多い粗飼料である。低投入型酪農では反芻動物である牛本来の主食である粗飼料をメインにして、濃厚飼料は全てのエサの二割程度にしている。そこで低投入型酪農に近づけるために、濃厚飼料を全てのエサの二割程度である乾物で一頭当たり一日四・〇kg（二〇kg×二割＝四kg）に設定してみよう（表2―1）。

◆TDNの変化をみると

TDNでみると、濃厚飼料を搾乳牛に乾物で一頭当たり一日八・九kg給与していたときは、濃厚飼料からのTDN供給量は七・〇kg、草地から（牧草から）

は四・七kg、合計一一・七kgとなる。いっぽう、濃厚飼料を乾物で一頭当たり一日四・〇kgまで削減すると、濃厚飼料からのTDN供給量は三・一kg、草地から（牧草から）は四・一kg、合計七・二kgとなる。

さて草地からのTDN供給量も、濃厚飼料を削減することによって少なくなっている。これは濃厚飼料を削減すると、牛のおなかを通って最終的に草地に散布される糞尿由来の窒素が少なくなるため、草地のTDN生産量は低下して、濃厚飼料を減らす前の九割程度になると推定されるためである（図2―5）。

◆草地への窒素供給量の変化

具体的に草地へ散布される窒素の量からその理由を考えてみよう。草地に散布する糞尿は、スラリーか生堆肥に近い状態のもので、糞尿の保管過程で窒素がほとんど損失していないと仮定する。

濃厚飼料を乾物で一頭当たり一日八・九kg給与していたときは、濃厚飼料からの窒素供給量は一ha当たり一二四・八kg、化学肥料から一ha当たり四五・六kg、合計一七〇・四kgとなる。

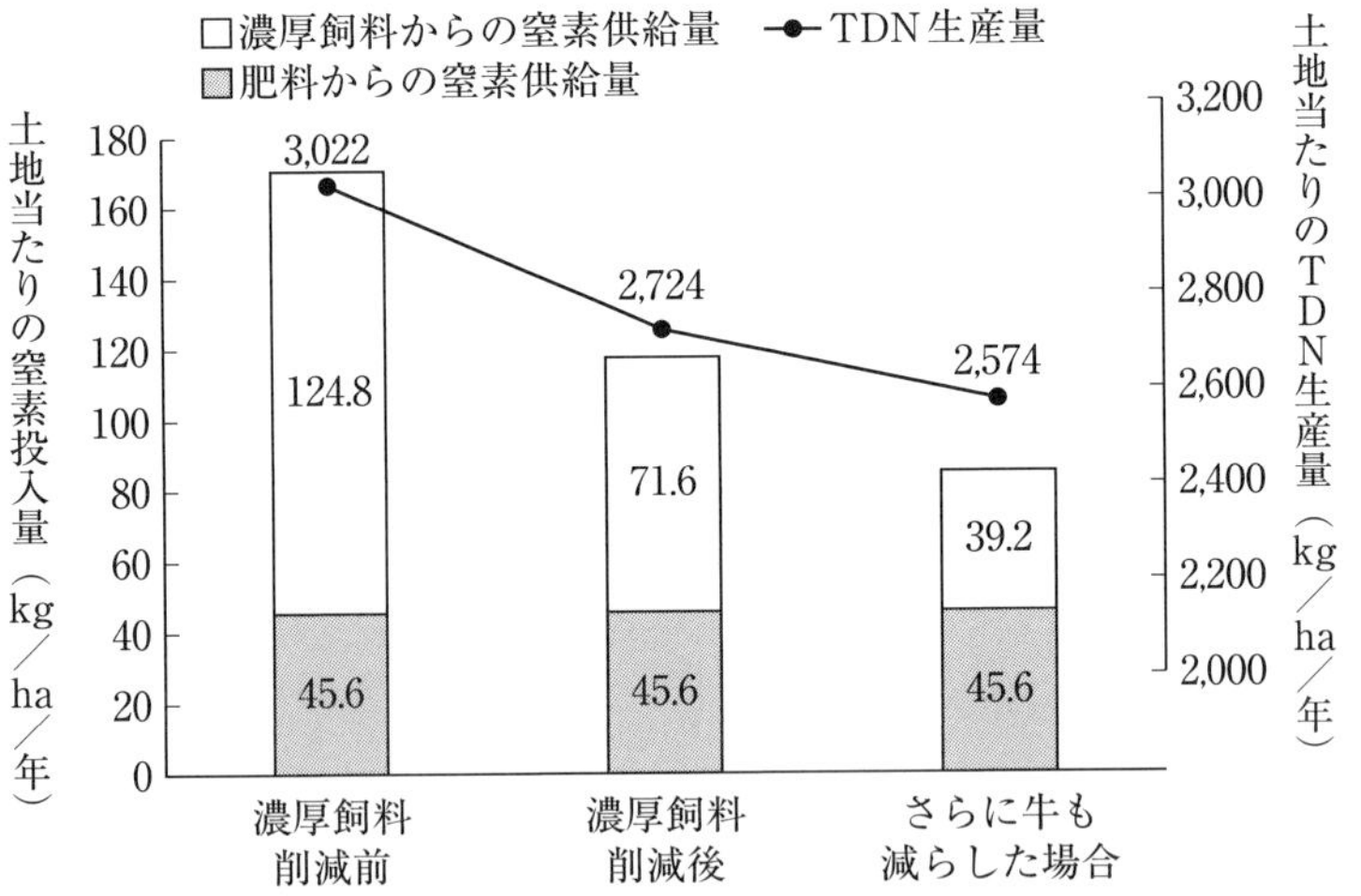

図2－5　濃厚飼料を減らすと，草地のTDN生産量は減る

そして、濃厚飼料を乾物で一頭当たり一日四・〇kgまで削減したときは、濃厚飼料からの窒素供給量は一ha当たり七一・六kg、化学肥料は削減して

いないのでそのまま一ha当たり四五・六kg、合計一一七・二kgとなり、草地への窒素供給量は約三割強減る（図2―5）。

◆草地のTDN生産量は九割程度に

再び図1―2を見ながら考えてみよう。草地への投入窒素が一〇a当たり一九kg（一ha当たり一九〇kg）のときのTDN収量は一〇a当たり八三七kg、草地への投入窒素が約四割減った一〇a当たり一一kg（一ha当たり一一〇kg）のときのTDN収量は一〇a当たり七一五kgとなる。つまり、草地への投入窒素が約四割減ると草地のTDN収量は一割強減少している。これが、濃厚飼料を乾物で一頭当たり八・九kgから四・〇kgまで削減した場合に、草地のTDN生産量が九割程度と推定した理由である。

◆乳量は減り、牛の健康面の心配も出てくる

濃厚飼料を減らしたうえ、さらに草地のTDN生産量も低下しているので、乳牛一頭当たりのTDN供給量はさらに低下することになる。濃厚飼料削減前はTDNで乳牛一頭当たり一一・七kg給与できていたのに、濃厚飼料を削減してしまうと、濃厚飼料の削減プラス草地の収量低下によって乳牛一頭当たり七・二kgしか給与できなくなる（図2―4）。

このときの生産状態はどうなっているだろう。濃厚飼料を一頭当たり乾物で八・九kgから四・〇kgまで削減した場合、個体乳量は八五四七kgから五五五二kgまで低下する。その結果として農場全体の生産乳量も八八〇tから五七二t（五五五二kg×一〇三頭）まで低下する。

個体乳量が低下し、農場全体の生産乳量が低下してしまうことはもちろんだが、エサ不足による牛の体調不良・疾病も当然予想される。エサ不足にならないためには、乳牛の飼養頭数も削減しなければならなくなる。

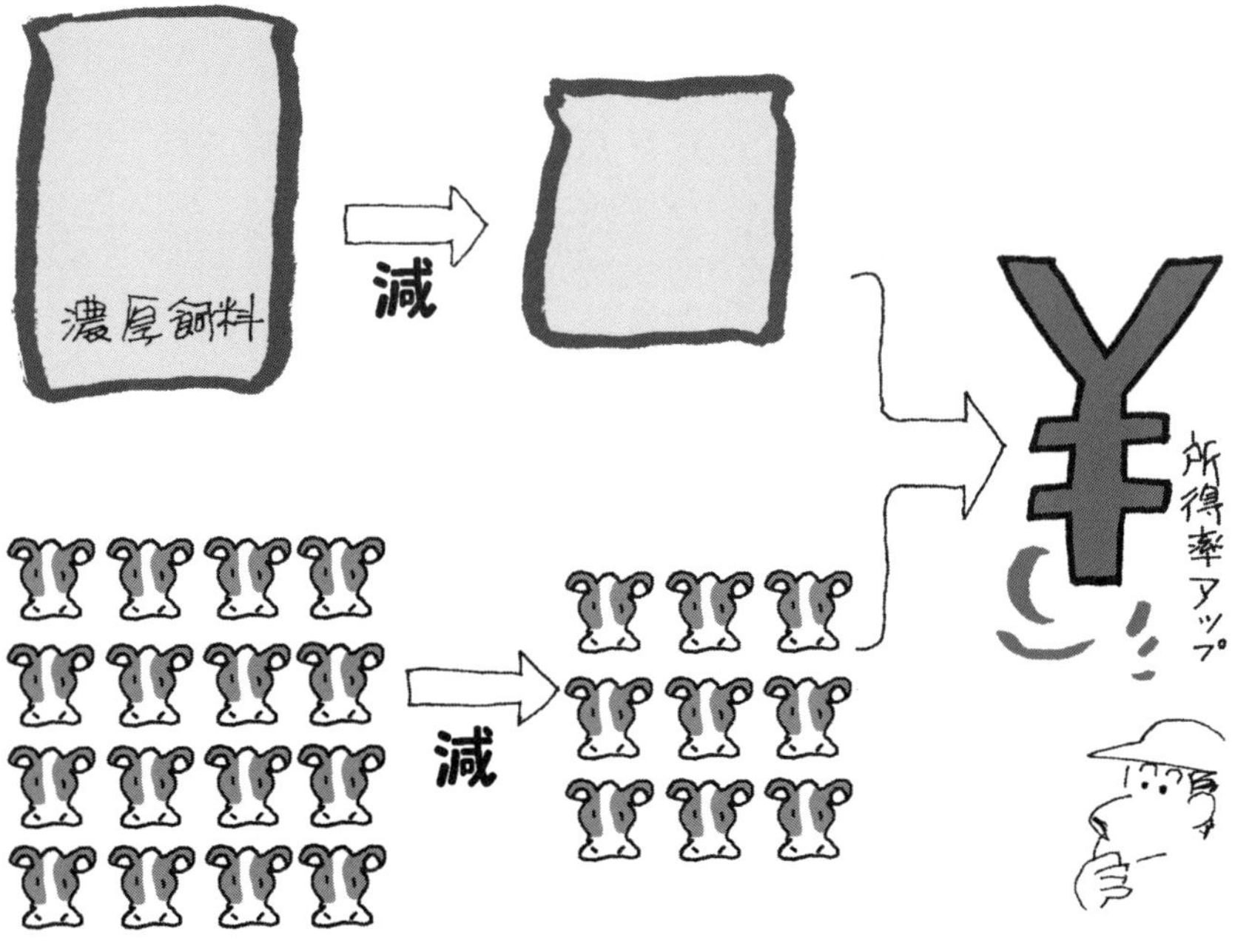

濃厚飼料と牛が減ると所得率アップ

2 濃厚飼料と牛が減ると こんな経営になる

1 濃厚飼料五五%、牛を半分に減らすと 農業粗収益は四五%減る

◆濃厚飼料を減らすと飼養頭数も減らさなければならない

濃厚飼料を減らした場合をもう一回シミュレーションしてみよう。

濃厚飼料を減らすと、まず一頭当たりの乳量が減り、全体の生産乳量が減る。そして、濃厚飼料が減るので、牛を通して糞尿に移動する濃厚飼料由来の窒素が少なくなるために、草地への窒素投入量が減り、草地からのＴＤＮ供給量も減る。したがって、酪農場全体のＴＤＮ供給量が大きく減ることになる。そのため、牛に充分な飼料を与えるためには、飼養頭数も少なくしなければならなくなる。

このような濃厚飼料を減らし、さらに飼養頭数も減らすという劇的な変化をおこした場合、経営ははたしてどうなっていくのだろうか？　それをこれから考えていこう（写真2―1）。

◆個体販売を除いた乳代のみの所得を考察する

写真2－1　濃厚飼料を減らすと牛の頭数も減らさないといけない

なお、このシミュレーションの農業粗収益は「乳代のみによる農業粗収益」で「乳代粗収益」、農業所得は「乳代粗収益」から「生産コスト」を差し引いた「乳代のみによる農業所得」で「乳代所得」、農業所得率は「乳代のみによる農業粗収益」からの「乳代のみによる農業所得」の割合、いわば「乳代所得率」としている。

第1章では、農業粗収益のなかに「乳代」と「個体販売代」がはいっている。この第2章では「個体販売代」がはいっていないために、図1―3、表1―1よりも図2―6、表2―2では農業粗収益が小さくなっていることをお断りしておく。

なぜ「個体販売代」をはずしたかというと、「乳代」は政策によって比較的安定しているが、「個体販売代」は市場の動向をもろに受けてしまうために、「個体販売代」にたよる経営は非常に不安定になりやすいためである。

多くの酪農家の方々は、年末の赤字清算の財源として個体販売を見込んでいると思う。仮に一頭三〇万円で一〇頭販売できれば三〇〇万円の臨時収入となり、赤字清算を期待できる。

しかし、育成牛が多いと牛群全体としての粗飼料が不足しがちになることや、一頭当たりの牛の管理時間が減るために、育成牛が健全に育たないおそれがある。これでは満足な後継牛が確保できなくなると同時に、個体販売価格が充分に見込めなくなるおそれがある。

これは実際に家畜市場による育成牛の販売価格からもみてとれる。たしかに三〇万円で販売できる育成牛も存在するいっぽうで、半額の一五万円の価格しかつかない育成牛も存在する。

このように、個体販売代は二倍程度の差がつく可能性があり、この収入に頼らなければ維持できない酪農経営は非常に不安定となる。そこで、個体販売代は「ボーナス」であり収入があればラッキーなのである。あくまでも収入の基本は乳代であり、乳代で健全な経営ができることが酪農経営の基本であるとの考え方から、農業粗収益のなかは「乳代」のみとしてシミュレーションしていく。

◆濃厚飼料だけを減らしたのでは乳牛がもたない

いよいよ、「牛を減らす」という未知の領域に入ってきた。どれぐらい牛を減らすと、経営はどうなるだろう。

搾乳牛に濃厚飼料を乾物で一頭当たり一日八・九kg（年間搾乳牛全体では三三五ｔ）給与していたところを、四・〇kg（年間搾乳牛全体では一五〇ｔ）まで削減したときに、どの牛にも充分にエサがゆきわたる頭数は何頭かを考えてみよう。

搾乳牛の頭数一〇三頭のままで、搾乳牛に与える濃厚飼料を一頭当たり一日四・〇kgまで減らしたときの搾乳牛全体で消費する濃厚飼料は、年間一五〇ｔ程度である（四・〇kg×三六五日×一〇三頭≒一五〇ｔ）。濃厚飼料の減少は、糞尿という形による草地への窒素供給量が減少し、結果として草地のＴＤＮ生産量も減少する（図2―5）。

このことは、搾乳牛一頭当たりの粗飼料の量も減少することを意味し、粗飼料からのＴＤＮ量は一頭当たり一日四・一kgとなる（図2―4）。搾乳牛に与える濃厚飼料を一頭当たり一日四・〇kgとすると、濃厚飼料からのＴＤＮ量は一頭当たり一日三・一kgとなり、搾乳牛一頭当たりのＴＤＮ供給量の合計は七・二kgとなる（図2―4）。

濃厚飼料削減前は、搾乳牛一頭当たりのＴＤＮ供給量の合計は一一・七kgであったことを考えると四割減にもなってしまい、これでは乳牛は体をこわしてしまう。

◆ＴＤＮ供給量一割減なら何頭まで減らせるか

そこで、搾乳牛一頭当たりのＴＤＮ供給量の減少率が一割程度になるように、具体的な目標としては搾乳牛にＴＤＮで一日一頭当たり一〇・二kg給与できるようにするためには、搾乳牛を何頭まで減らすとよいか考えてみよう（図２―４）。

濃厚飼料の給与量は一日一頭当たり四・〇kg（ＴＤＮとして三・一kg）としよう。このとき搾乳牛にＴＤＮで一日一頭当たり一〇・二kg給与できるようにするためには、粗飼料をＴＤＮとして一日一頭当たり七・一kg確保する必要があり（図２―４）、これを一年間にすると二五九二kg（七・一kg×三六五日）である。濃厚飼料の給与量は一日一頭当たり八・九kgから四・〇kgへ減らしているので、成牛換算頭数を減らさなかったとしても草地への窒素投入量は減少し草地からのＴＤＮ供給量は三〇二二kg／haから二七二四kg／haに減少する（図２―５）。草地面積は八〇haであるため、農場全体の粗飼料としてのＴＤＮ供給量は二一万七九二〇kgとなる。そこで、粗飼料をＴＤＮとして一日一頭当たり七・一kg確保できる頭数は、成牛換算頭数で八四頭となる（二一万七九二〇kgＴＤＮ／農場／年÷二五九二kgＴＤＮ／頭／年）。

しかし、実際には成牛換算頭数が減っているために濃厚飼料の農場全体の消費量が減少し、草地への窒素投入量はさらに減少している。そのため草地からのＴＤＮ供給量は二五七四kg／haまで減少する（図２―５）。草地面積は八〇haであるため、農場全体の粗飼料としてのＴＤＮ供給量は二〇万五九二〇kgとなる。そこで、粗飼料をＴＤＮとして一日一頭当たり七・一kg確保できる頭数は、成牛換算頭数で七九頭となる（二〇万五九二〇kgＴＤＮ／農場／年÷二五九二kgＴＤＮ／頭／年）。

◆二・一産だと搾乳牛頭数は六四頭、エサのメインは粗飼料に

成牛換算頭数が七九頭であるが、搾乳牛の平均産次数を低めにみて二・一産と仮定すると、実際の搾乳牛頭数は六四頭、育成牛は三〇頭が妥当と考えられる。

濃厚飼料を一日一頭当たり四・〇kg（TDNで三・一kg）、粗飼料をTDNで一日一頭当たり七・一kg確保すると個体乳量は七二九四kg／年となる（図2―4）。搾乳牛頭数は六四頭では、農場全体の生産乳量は四六七t（七二九四kg×六四頭）となる。

濃厚飼料と牛を減らす前は、濃厚飼料のほうがエ

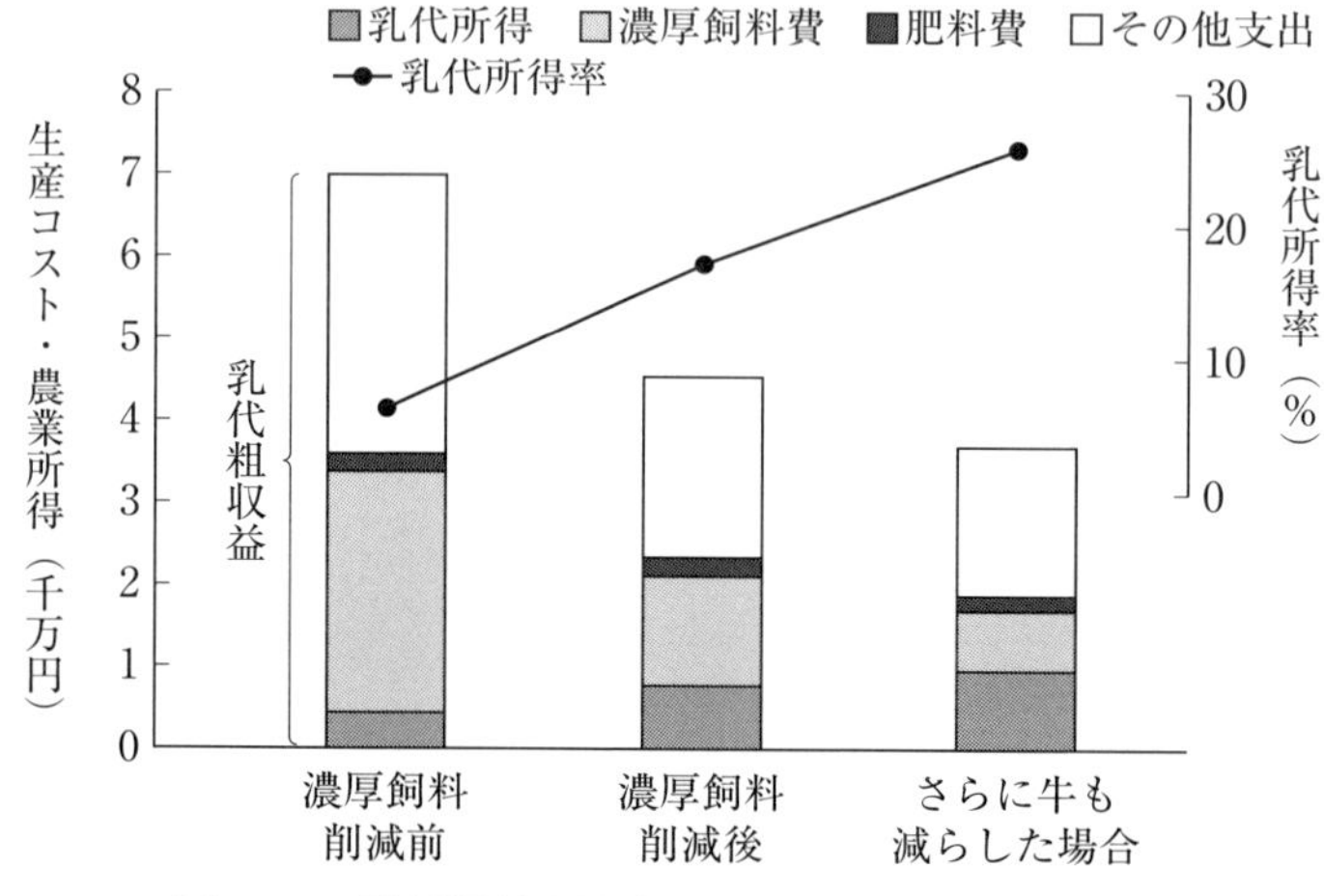

図2－6　濃厚飼料を削減しても乳代所得は減らない

表2－2　濃厚飼料と牛を減らしたときの経営収支の内容（単位：千万円）

	濃厚飼料削減前	濃厚飼料削減後	さらに牛も減らした場合
年間生産乳量（t）	880t	572t	467t
乳代粗収益	7.0	4.5	3.7
生産コスト合計	6.4	3.7	2.7
（内訳）			
飼料費	2.5	1.3	0.7
肥料費	0.4	0.2	0.2
その他支出	3.5	2.2	1.8
乳代所得	0.6	0.8	1.0
乳代所得率（%）	8.6	17.8	27.0

注）1. 乳代粗収益は「乳代のみによる農業粗収益」
2. 乳代所得は「乳代粗収益」から「生産コスト」を差し引いた「乳代のみによる農業所得」
3. 乳代所得率は「乳代粗収益」からの「乳代所得」の割合とした

サのメインであったが、濃厚飼料と牛を減らすと粗飼料がエサのメインとなる（図2―4）。このことが生産コストを左右する大きな要因となる。

◆農業粗収益が五割減だが…

農場全体の生産乳量の低下は当然農業粗収益の低下を意味する。北海道のプール乳価は七九円前後で推移している。年間生産乳量とプール乳価で計算すると、濃厚飼料削減前は生産乳量八八〇t、七〇〇〇万円であった農業粗収益は、濃厚飼料を減らしさらに牛も減らした後には生産乳量四六七t、三七〇〇万円になる（図2―6、表2―2）。農業粗収益が五割も減って食べていけるのだろうか？

2 しかし、ふところは暖かくなる
――農業所得が増え所得率は高まる

◆農業粗収益は五割減だが生産コストも六割減

そこで、生産コストを見てみよう。濃厚飼料を減らす前の生産コストは六四〇〇万円だが、濃厚飼料を減らし、さらに牛も減らすと二七〇〇万円と大幅に少なくなる。濃厚飼料にかかっていたコストが二五〇〇万円からほぼ四分の一の七〇〇万円に減ったことが大きい（表2―2）。そして、搾乳牛を一〇三頭から六四頭まで減らしたため、育成牛も減らすことができる。育成牛は八二頭から三〇頭まで減らしても、搾乳牛の平均産次数を低めにみて二・一産と仮定したとしても、後継牛が不足する事態は少ないと考えられる。

このように、成牛換算頭数として一四四頭から七九頭まで減らすと、その他のコストも少なくなると予想される。その他のコストが削減できると考えた理由として、施設機械費を除いた牛に直接かかる消耗品費等（薬、ディッピング剤、ペーパータオル、もくし、人工授精、治療費など）が削減できるものと仮定している。

そのため、農業粗収益が五割減であるが、生産コストも六割減にもなる。農業粗収益の減少以上の生産コストの減少がポイントになる。

◆乳代所得・乳代所得率は増える

つまりふところにはいる、農業粗収益から生産コストを差し引いた乳代所得は、減らないどころか逆に増えている（図2―6）。濃厚飼料を減らす前の乳代所得は六〇〇万円であるが、濃厚飼料を減らしさらに牛も減らしたあとの乳代所得は一〇〇〇万円になる。乳代所得率は、濃厚飼料削減前は八・六％であったが、濃厚飼料を減らし、さらに牛も減らすと二七％になる。

つまり、濃厚飼料削減前は十働いたら一以下しかふところに残らなかったのが、濃厚飼料も牛も減らすと十働いたら三近くと、三倍以上も自分のふところに残るのである。

農業粗収益だけに注目すると失うものが大きいが、乳代所得や乳代所得率に注目する経営へと転換すると、自分のふところがより暖かくなるのである。

3 濃厚飼料が減ると牧草の栄養成分も変化する

1 TDN生産量は低下するが牧草の品質は向上する

ところで、「その他のコスト」が減るのは、単に牛が減って経費が少なくなることだけではない。濃厚飼料が減ることによって、牧草のエサとしての品質が変化して、牛の疾病が減ることも大きい。

濃厚飼料は、窒素、リン酸、カリウムを多く含み、カルシウム、マグネシウムは少ない。このため、濃厚飼料を多く給与すると、草地への糞尿という形の窒素、リン酸、カリウムの供給量が多くなり、TDN生産量は多くなる。逆に、濃厚飼料を減らし、草地への糞尿という形の窒素、リン酸、カリウムの供給量が少なくなると、TDN生産量は低くなる。しかし、ここで大事なことは、それによって牧草の飼料としての品質が向上することである。

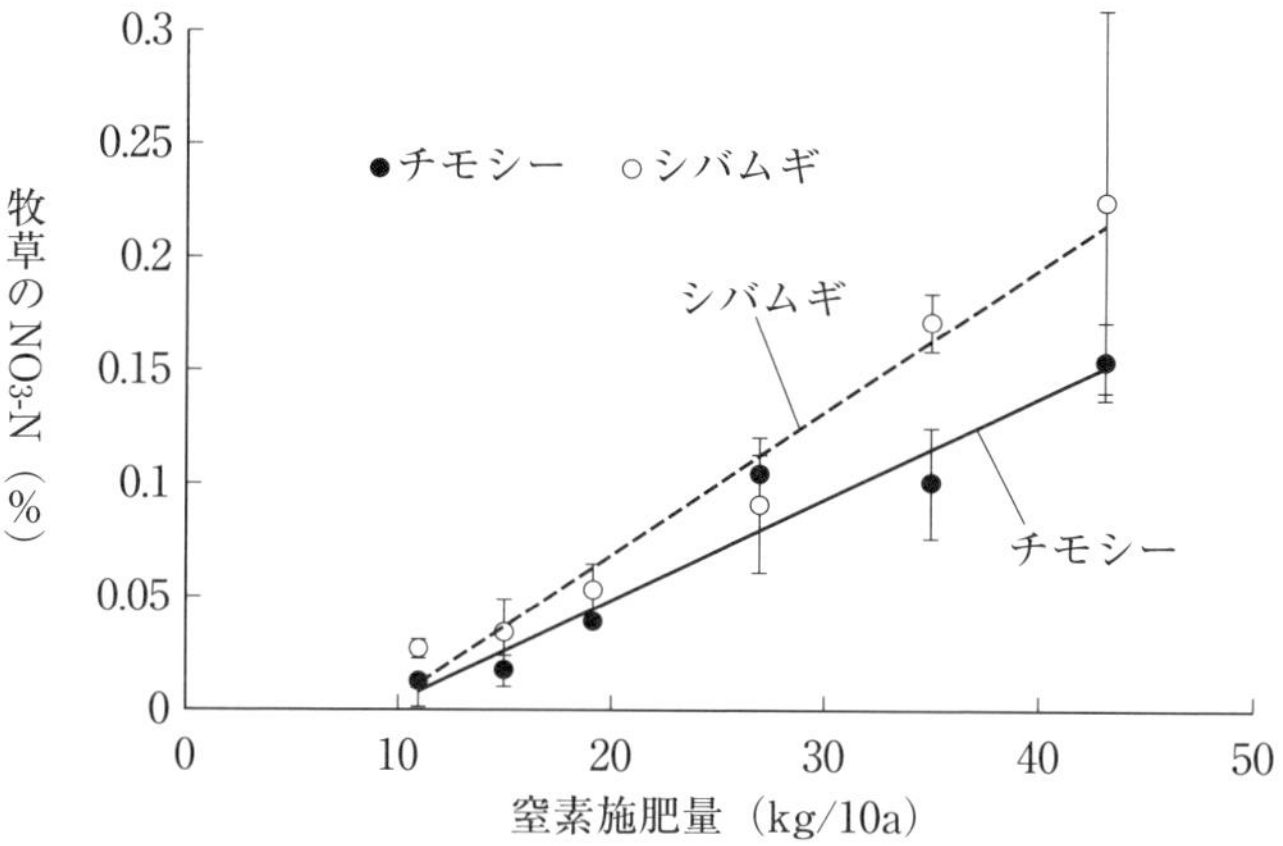

図2－7　窒素の施肥量が増えると牧草の硝酸態窒素（NO_3-N）濃度は高まる

2 硝酸態窒素が減る——硝酸塩中毒の回避

◆窒素が増えると硝酸態窒素濃度も増える

まず、さまざまな障害の原因といわれている「硝酸態窒素」を考えてみたい。

中標津農業高校のチモシーが主体の採草地とシバムギが主体の採草地に実験区をつくり、人工的に窒素肥料を一〇a当たり一一kg、一五kg、一九kg、二七kg、三五kg、四三kgと増やして、牧草の硝酸態窒素濃度がどのようになるかを実験してみたのが図2―7である。

チモシー主体採草地でもシバムギ主体採草地でも、窒素肥料が増えていくと牧草の硝酸態窒素濃度は高くなっていくことがわかる。

結論からいうと、草地への糞尿という形の窒素の供給量が減ると、牧草に含まれる硝酸態窒素が減るので、慢性的な硝酸塩中毒を回避することができる。

◆濃厚飼料を減らしたことで硝酸態窒素濃度は五分の一に

今回のシミュレーションで想定した酪農経営では、濃厚飼料を減らす前は草地にはいる窒素は糞尿として一〇a当たり一二・五kg、化学肥料として四・六kgであり、合わせると一七・一kgになる。このときの硝酸態窒素含量は図2―7から推定すると〇・〇五％になる。

それにくらべて、濃厚飼料を減らし搾乳牛も減らした後では、草地にはいる窒素は糞尿として一〇a当たり三・九kg、化学肥料として四・六kg、合わせると八・五kgである。このときの硝酸態窒素含量は図2―7から推定すると〇・〇一％になる。これで、硝酸態窒素含量は五分の一になる。

◆急性中毒になる四分の一の濃度

急性の硝酸態窒素中毒は〇・二％以上といわれているので、濃厚飼料を減らさなくてもただちに牛が倒れることはない。しかし、急性中毒になる四分の一の濃度の硝酸態窒素がある牧草を食べ続けることは、牛の健康にいいはずがない。

乳房炎や空胎期間の延長、第四胃変位、四肢の関節の障害、肢蹄腐乱などが発生しやすくなる。

濃厚飼料を減らすと牛が健康になる、とよくいわれるが、硝酸態窒素含量が減ることが要因の一つである。

3 その他の成分の増減と牛の健康

◆リン酸が減ると産後起立不能が減る

濃厚飼料を多くして、草地への糞尿という形のリン酸の供給量が増えると、牧草の成分もカルシウムに対してリン酸が多く含まれるようになり、乳熱にかかりやすくなり、産後の起立不能も多くなる。

しかし、濃厚飼料を減らすと、草地へのリン酸の供給量も減る。牧草も自然とカルシウムに対してリン酸が少ない状態となり、乳熱による産後の起立不能も減らすことができる。

◆カリウムが減るとグラステタニーが回避できる

濃厚飼料を多くして、草地への糞尿という形のカリウムの供給量を増やすと、牧草の成分もカルシウムやマグネシウムに対してカリウムが多くなる。カリウムが多くなりすぎるとグラステタニーの危険が大きくなる。

しかし、濃厚飼料を減らすと、草地へのカリウムの供給量も減る。自然に牧草もカルシウムとマグネシウムに対してカリウムが少ない状態となり、グラステタニーを回避することができる。

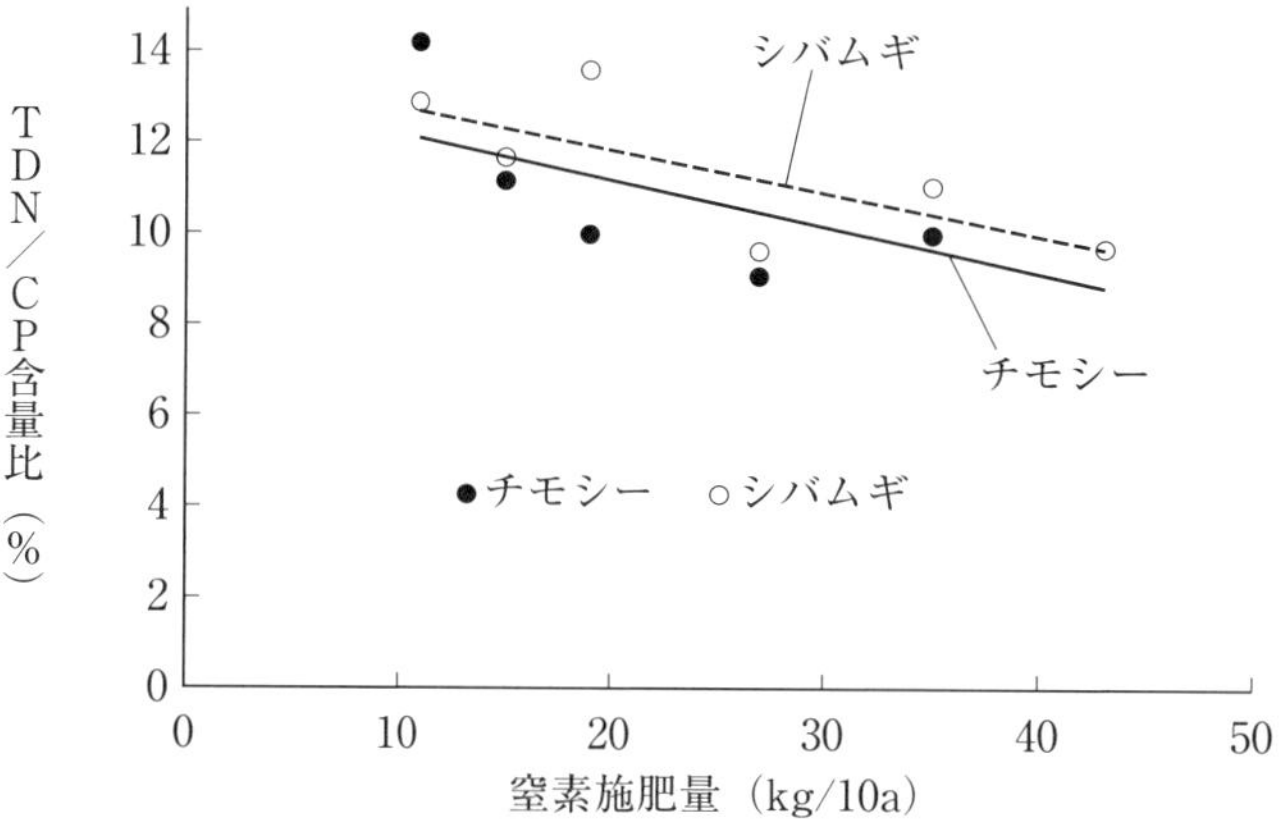

図2－8　窒素の施肥量が増えるとTDNに対してCP（粗タンパク質）が増える

◆粗タンパク質含量が減ると第四胃変位が減る

さきほど（47ページ）と同じように、中標津農業高校のチモシーが主体の採草地とシバムギが主体の採草地に実験区をつくり、人工的に窒素肥料を一〇a当たり一一kg、一五kg、一九kg、二七kg、三五kg、四三kgと増やして、牧草体中のTDN／CP含量比（CP：粗タンパク質）がどのようになるかを実験してみたのが図2―8である。

チモシー主体採草地でもシバムギ主体採草地でも、窒素肥料が増えていくと牧草体のTDN／CP含量比は低くなっていくことがわかる。なお、TDN／CP含量比が低くなるということは、相対的に粗タンパク質含量が増える、ということを意味し、またそのようなエサは乳が出やすいことも意味している。

これを今回のシミュレーションで想定した酪農経営に当てはめて考えてみると、濃厚飼料を増やすと、草地への糞尿という形の窒素の供給量が増える。草地への窒素投入量が増えると、牧草の粗タンパク質含量が増えることが予想される。粗タンパク質含量が増えると、ＴＤＮに対して粗タンパク質含量が増える。これは乳の出やすいエサなので、一時的に乳生産量は増える。

しかし、ＴＤＮに対して粗タンパク質が多い状態が長く続くと、牛のルーメンに負担をかける。いわゆる第四胃変位である。濃厚飼料を減らすと、牧草の粗タンパク質含量は低下するため、ＴＤＮに対して粗タンパク質含量が少ない状態になる。乳生産量は減るが、第四胃変位を減らすことができる。

濃厚飼料を減らす前は、飼料全体が高タンパク質含量であるため乳生産量は増加するが、高タンパク質含量であることそれ自体と、粗飼料中の硝酸態窒素含量が多いことが、乳房炎や空胎期間の延長、第四胃変位、四肢の関節の障害、肢蹄腐乱などの発生頻度の増加につながることになった。そして、乳牛の疾病が多いことは、廃用になってしまう泌乳牛がどうしても多くなってしまう。

いっぽう濃厚飼料を減らすと、飼料全体のタンパク質含量が低下し生産乳量も低下するが、高くないタンパク質含量であることそれ自体と、粗飼料中の硝酸態窒素含量が低いことが、乳牛疾病を減らすことにつながり、乳牛の生産可能年齢を延ばすことができる。

このことは、育成牛の頭数削減が可能になることを意味し、育成コストの圧縮を可能にする。牛が健康になり、故障せずによく働いてくれて、後継牛である育成牛をたくさんおかなくてもすむということは、「その他のコスト」がさらに少なくなることが期待できる。

第3章

刈り取り時期によって変わる草の質

1　出穂期刈りはＴＤＮ収量が増え乳量が増えるが…

1 出穂期刈りか結実期刈りか?

◆刈り取り時期と酪農経営

第2章の最後で、濃厚飼料の給与量と牧草の栄養成分、つまり牧草の質について考えてみた。それだけでなく、よく知られているように、「刈り取り時期」も牧草の質に大きく影響する。

刈り取り時期が早いほうが、つまり穂ばらみ期から出穂期までに牧草を刈り取って収穫するほうが、ＴＤＮ含量の高い草が収穫できる。それが、刈り取り時期が遅くなり、開花期から結実期になるとＴＤＮ含量の低い草になってしまう（写真3―1、2）。

ここでは、出穂期刈りと結実期刈りで、どのようなメリット、デメリットがあるかを考えていきたい。具体的には、乳牛の健康と永年草地の維持という、長期的なメリットや生産コストへの影響について試算する。また、草地更新をなるべくしないですむ草地の利用方法や、草地更新のコストについても検討してみよう。

写真3－1　穂ばらみ期のチモシー

写真3－2　開花期～結実期のチモシー

◆出穂期刈りのメリット、デメリット

以下簡単に、出穂期刈りと結実期刈りのメリット、デメリットを考えてみたいと思う。

出穂期刈りは結実期刈りにくらべて乾物収量は少ないものの、TDN収量や粗タンパク質収量は多い。いわゆる栄養価の高い牧草を収穫するには出穂期刈りが有利であり、牛乳生産量も一般に多くなる。

しかしながら出穂期刈りの季節は北海道根釧地方では六月下旬であり、この時期は晴天が続くことが少ない。また、出穂期刈りは牧草にとって生育途中で刈り取られてしまうことを意味するために、刈り取られた後の再生に必要な糖分含量が低くなる（表3―1）。

表3－1　出穂期刈りと結実期刈りのメリット，デメリット
（北海道根釧地方）

	出穂期刈り	結実期刈り
乾物収量	少ない	多い
TDN収量	多い	少ない
粗タンパク質収量	多い	少ない
生産乳量	多くなる	少なくなる
刈り取り時期	6月下旬	7月下旬以降
刈り取り時期の天候	晴天が少ない	晴天が多い
刈草の水分	多い	少ない
収穫機械	大型が望ましい	中型で充分
収穫用資材	多くなる	少なくてすむ
硝酸態窒素含量	多い	少ない
再生に必要な糖分含量	低い	高い
乳牛の疾病	多い傾向	少ない傾向
牧草の再生	勢いが弱い傾向	勢いが強い傾向

②出穂期刈りは高コストに

◆TDNは高いが天候が安定しない

ＴＤＮ含量の高い時期をねらって、出穂期刈りが広く行なわれている。その時期は、北海道の根釧地

写真3－3　乾草調整には3日間の晴天が必要

方では六月下旬前後になる。出穂期にはＴＤＮ含量が高くなるので、ＴＤＮ収量も多くなる。このため、生産乳量を増やすにはちょうどよい刈り取り時期になる。

しかし、北海道根釧地方の六月下旬は、先に述べたように、天候が安定しない。刈り倒した草が雨にあたる確率が高くなる。乾草にするためには、北海道根釧地方では三日間の晴天が必要である。しかし、六月下旬に三日間も晴天が続くかどうかを予測して刈り取る時期を決めるのは、とてもむずかしい。さらに、タンパク質が多い出穂期刈りの牧草は、一度乾燥させても吸湿しやすく、カビが発生しやすい（写真3―3）。

写真3－4　大型ロールベーラによるロールベールサイレージの調製

写真3－5　ラッピングされたロールベールサイレージ

◆サイレージ調製は有効だが、コストがかかる

そこで、サイレージ調製という選択が有利になる。サイレージ調製であれば、一～二日間の予乾で収納することができるし、脱気がうまく行なわれて乳酸発酵が充分にすすめば、ＴＤＮ含量が高い状態で保管できる。牛は多少水気があるほうが草の食い込み

がよくなるし、高いＴＤＮ含量の草を食べさせることができるので、生産乳量を増やすことができる。

出穂期刈りとサイレージ調製による牧草の収穫・保管は、高いＴＤＮ含量の草を大量に確保できるため、生産乳量を増やすことができる。しかし、一〜二日間の予乾で収納する必要があるため、高速で作業できる大型の自走式ハーベスタか大型トラクタ、ラッピング資材などのビニール資材、サイレージ添加剤が必要となり、生産コストは増大する（写真３—４、５）。

２　結実期刈りは乳量が減るが…

[1] 乾物収量は増えるがＴＤＮ収量は少ない

牧草は出穂期以降も生長を続け、乾物収量が最大になるのは開花・結実期である。結実期刈りは、北海道の根釧地方では七月下旬以降になるので、出穂期刈りよりも一ヵ月以上も遅い。

牧草は、結実期になると、種子が充実してくるので穂全体が重くなる。それに耐えるため、牧草の茎細胞のまわりにリグニンが沈着して、茎が硬くなる。リグニンはほとんど消化されないセンイ成分なので、結実期の牧草のＴＤＮ含量は低くなってしまう。ＴＤＮ収量も少なくなるので、生産乳量は減ってしまう。

[2] 結実期刈りはコストがかからない

◆結実期刈りは天候が安定して乾草にしやすい

しかし、七月下旬以降は北海道根釧地方でも太平洋高気圧に覆われる日が多くなるために天候が安定する。そのため、刈り倒した草を雨にあててしまう確率が小さくなる。好天に恵まれるということは、牧草を乾草にするには都合がよい。

乾草調製は、従来型の中型トラクタ装着式の作業機械のみで充分に対応できる。消費資材はロールベーラのトワイン、グリス、軽油程度であり、生産コストを低く抑えることができる（図3―1、表3―2）。

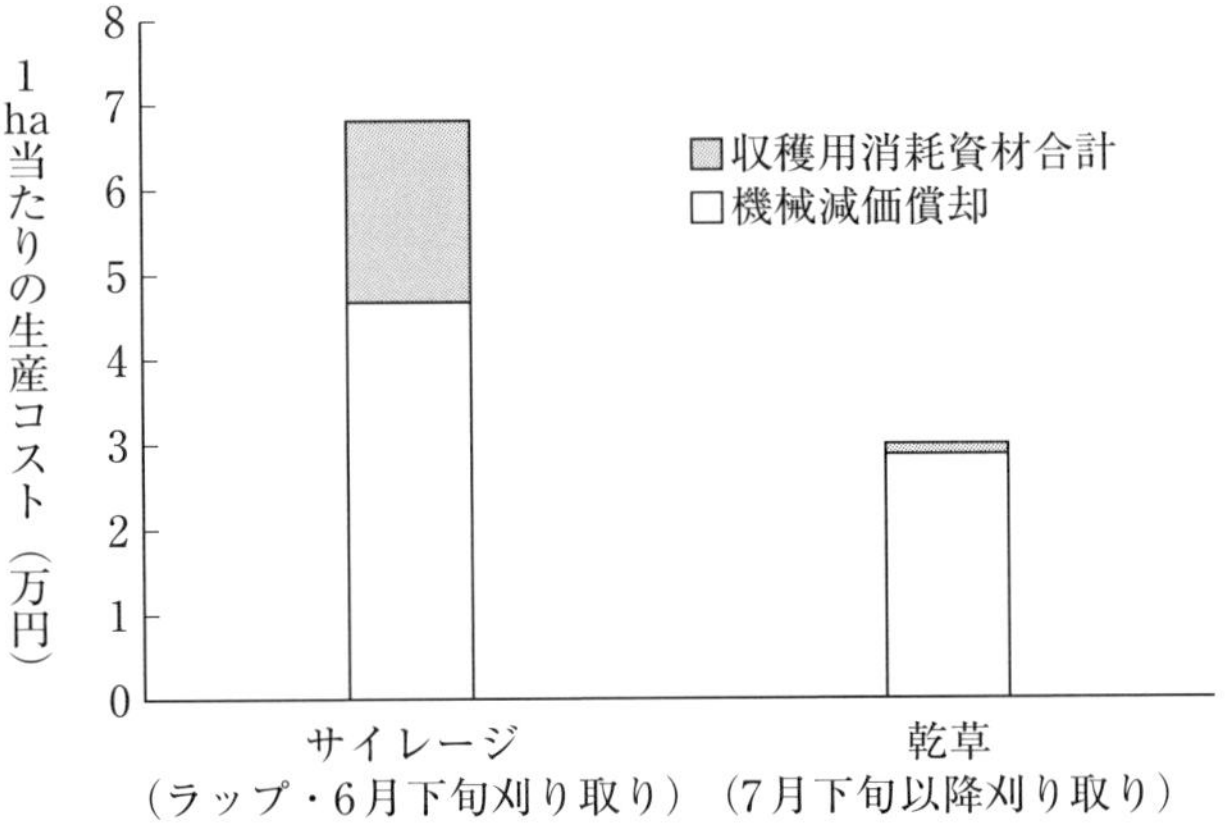

図3―1　乾草調製はサイレージ調製より生産コストが低い

表3―2　乾草調製とサイレージ調製の生産コストの内容

生産コスト（円/ha）	サイレージ調製	乾草調製
機械減価償却	46,800	28,800
サイレージラップ	4,984	―
ロールトワイン	609	582
サイレージ添加剤	15,000	―
軽油	627	627
生産コスト合計	68,020	30,009
TDN収量（kg/ha）	4,260	3,200
生産コスト（円/TDN1kg）	16.0	9.4

◆結実期刈りのコストは出穂期刈りの半分以下

出穂期刈りと結実期刈りの一ha当たりの生産コストを比較してみよう。

出穂期刈りでは、大型の機械が必要になることから機械の減価償却費が大きくなる。また、ビニール資材などの消耗品費も大きくなる。ざっと試算してみると一ha当たりのコストは六・八万円程度となる。

いっぽう、結実期刈りでは従来型の中型の機械で対応できるために機械の減価償却費は小さくなる。さらにビニール資材をほとんど使わないため、消耗品費が極端に小さくなる。ざっと試算してみると一ha当たりのコストは三万円程度となる（表3－2）。

◆機械とサイレージ関連のコストの差

コストの内訳を具体的に述べると次のようになる。結実期刈りでは出穂期刈りよりも牧草収穫での生産コストが半分以下と試算されるが、これは機械減価償却費が出穂期刈り四・六八万円にくらべて結実期刈り二・八八万円と大幅に少ないことが大きい。

さらに結実期刈り・乾草調製という選択ではサイレージラップ代やサイレージ添加剤代がまったくかからないことも生産コストを引き下げている。

◆生産乳量の減少以上にコスト抑制の効果

ＴＤＮ収量は、出穂期刈り・サイレージ調製の一ha当たり四二六〇kgにくらべて、結実期刈り・乾草調整は三二〇〇kgと二五％ほど少ないが、生産コストは約六割に減少する（表3－2）。

このように、結実期刈り・乾草調製という選択は、牧草のＴＤＮ含量が低くなる結果、ＴＤＮ収量も少なくなり、生産乳量は減少することになる。その反面、出穂期刈り・サイレージ調製にくらべてコストを半分以下に抑えることができる。このため、ＴＤＮ収量の減少以上に、経営上のメリットがあると考えられる。

結実期刈りは牛の健康によくコストがかからない

3 乳牛の健康を考えた牧草の刈り取り時期とは

1 牛の健康面のコストを考える

次に、乳牛の健康にとってよい牧草はなにかについて、考えてみよう。

現在のところ牧草の品質は、ＴＤＮ含量や粗タンパク質含量で語られることが多い。これはＴＤＮ含量や粗タンパク質含量が高いほうが乳量を増やすことができ、結果として農業粗収益が増えるからである。

しかしここまでの展開で、ＴＤＮ含量や粗タンパク質含量が高い牧草を収穫しようとすると、生産コスト（牧草の収穫調製コスト）が上昇してしまうことがわかった。

さらに、牛のことも含めると生産コストはどうなるだろうか。キーポイントは「牛の健康」である。牛が健康で丈夫で長生きすると、それだけ生産コストは低下する。出穂期刈りと結実期刈りでは、どちらが牛を健康にするか、そして草と牛をひっくるめて考えると生産コストはどうなるかを考えていきたい。

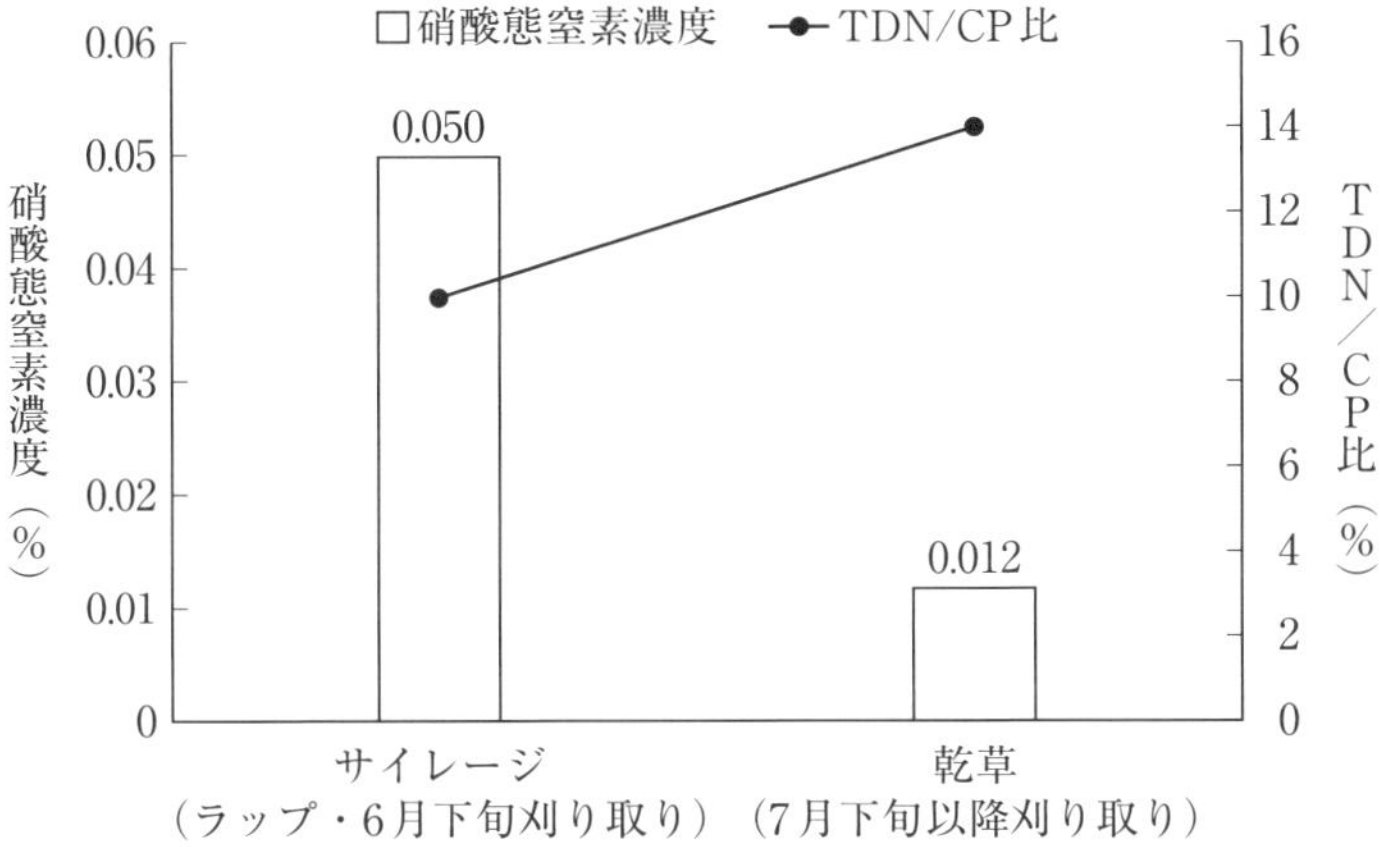

図3－2　乾草にすると硝酸態窒素濃度（NO_3-N）は下がり，TDNに対してCP（粗タンパク質）も減る

2 出穂期刈り牧草の特徴

◆乳量は増えるが、ルーメンへの負担は大きい

出穂期刈りではTDN含量も粗タンパク質含量も高くなる。また、TDN含量に対して粗タンパク質含量の割合が高い傾向にあり（NR〈注〉が低い）、乳が出やすいエサである。生産乳量が増える利点がある反面、TDN含量に対して粗タンパク質含量が高いことは、乳牛のルーメンに負担をかけることになる。

◆硝酸態窒素が多く、病気が発生しやすい

また、出穂期刈りの牧草の硝酸態窒素濃度は高くなる（図3―2）。これは、牧草が吸収した窒素をタンパク質に変えるのに時間がかかるためで、出穂

期ではまだ窒素が全てタンパク質になっていないためである。硝酸態窒素の急性中毒が発症するリスクの高い濃度は〇・二%以上であるが、出穂期刈りの牧草では〇・〇五%と急性中毒になる四分の一の濃度の硝酸態窒素がある。このような牧草を食べ続けることは、第2章でも述べたが、乳房炎や空胎期間の延長、第四胃変位、四肢の関節の障害、肢蹄腐乱などが発生しやすくなる。

〈注〉NR：TDN／CP比のこと。なお、TDN／CP比が低くなるということは、相対的に粗タンパク質（CP）含量が増えるということであり、またそのようなエサは乳が出やすいエサでもある。

3 結実期刈り牧草の特徴

◆乳量は減るが、ルーメンへの負担は少ない

いっぽう、結実期刈りではTDN含量も粗タンパク質含量も低くなる。またTDN含量に対して粗タンパク質含量が低い傾向にあり（NRが高い）、乳が出にくいエサである。生産乳量が減るというデメリットがある反面、TDN含量に対して粗タンパク質含量が低いことは、乳牛のルーメンへの負担が少ないということである。

◆硝酸態窒素が少なく、ルーメンを発達させる

また、結実期刈りの牧草の硝酸態窒素濃度は低くなり（図3―2）、乳房炎や空胎期間の延長、第四胃変位、四肢の関節の障害、肢蹄腐乱の発生率はごく低いと考えられる。しかも、結実期刈りの牧草はセンイが多いのでルーメンによい刺激を与え、丈夫で大きく絨毛が発達したルーメンをつくる。このようなルーメンをもつ乳牛は、粗飼料の食い込みがよくなるし、第四胃変位はまず発生しない。そればかりではなくルーメン発酵の結果発生するVFA〈注〉の吸収が格段によくなり、TDN含量が低い牧草でも有効にエネルギー源とすることができる。

〈注〉VFA：おもに飼料中のセンイ（セルロース）がルーメン内の微生物によって分解されたときに発生する揮発性脂肪酸。牛の体の維持エネルギーの約七〇%をまかなっている。酢酸、プロピオン酸、酪酸の三つが代表的であり、ルーメンの絨毛から体の中に吸収される。

4 結実期刈りと出穂期刈りのどちらが有利か

◆TDNの高いエサでは疾病・障害が多い

出穂期刈りの牧草は、TDN含量に対して粗タンパク質含量が高い傾向にあり、硝酸態窒素濃度も高い傾向にある。このようなエサは、生産乳量は増えるが乳房炎や繁殖障害、第四胃変異を誘発しやすい。高いTDNのサイレージと濃厚飼料を多く給与していた二〇〇三年ごろの中標津農業高校では、乳房炎、四肢の関節の障害、肢蹄腐乱、空胎期間の延長が多く発生していた。

現在のTDNの高いサイレージと濃厚飼料を多く給与する酪農経営では、牛群にこれらの障害がまったく発生していないことはまれである。空胎に悩む酪農家は多く、乳房炎の牛が牛群に常に三～四頭存在するのはざらである。牛群が八〇頭だとすると、一頭一乳期当たりざっと少なくとも一回は乳房炎にかかることになる。

◆乳房炎・空胎期間が発生したときの損失

試みに、一乳期に乳房炎が少なくとも一回、さらに空胎期間が二ヵ月延びるとして、どのような損失があるかを試算してみよう（図3―3）。

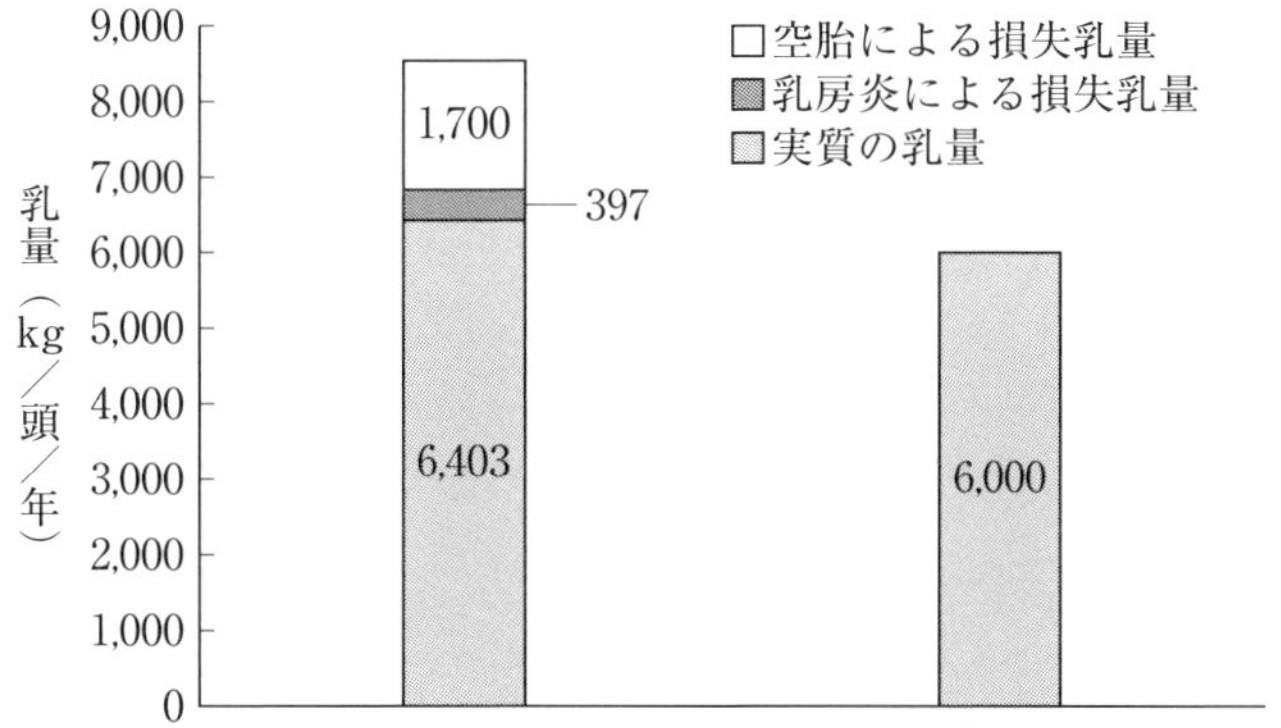

図3－3 乾草で牛を飼うと乳量の損失が少ない

注）サイレージ（ラップ・6月下旬刈り取り）は中標津農高，乾草（7月下旬以降刈り取り）は低投入型M牧場

比較する経営は、どちらも草地一haに成牛換算頭数一頭の中標津農業高校農場と低投入型酪農を実践されている酪農家であり、濃厚飼料給与量はどちらも搾乳牛一頭当たり一日四kg程度である。出穂期刈りのサイレージを給与していた中標津農業高校農場は、一頭当たり年間乳量が八五〇〇kg程度であった。いっぽう、結実期刈りの乾草を給与していた低投入型酪農家は、一頭当たり年間乳量が六〇〇〇kg程度であった。この数値をみるかぎり、出穂期刈りのサイレージを給与するほうが年間乳量が多く、多くの収益を期待できそうである。

◆乳房炎・空胎期間の発生で乳量差は縮小

ところが空胎期間が延びたり乳房炎が発生すると、期待できる生産乳量よりも実質の生産乳量は低下してしまう。実際に出穂期刈りのサイレージを給与していた中標津農業高校農場では種付きが悪く、乳房炎が発生していた。一頭当たり八五〇〇kgの年間乳量が期待できても、これらの損失で実質は年間六四〇〇kg程度しか出荷できなくなっていた。

いっぽう、結実期刈りの乾草を給与していた低投入型酪農家では、種付きがよく、乳房炎もほとんど発生せず、一頭当たり年間六〇〇〇kgまるまる出荷できた。これらのことを考えると、出穂期刈りと結実期刈りの実質の生産乳量の差は年間四〇〇kg程度となる。

◆乳房炎・空胎期間が発生しないとしたら

もし仮にどちらの酪農家も種付きがよく、乳房炎がほとんど発生しないとしたら、出穂期刈りのサイレージを給与していた酪農家は一頭当たり年間乳量が八五〇〇kgまるまる出荷できるので、乳価を一ℓ当たり七九・二円と仮定すると、一頭当たり年間六七・三万円の農業粗収益が見込める。

いっぽう、結実期刈りの乾草を給与していた酪農家は、一頭当たり年間乳量が六〇〇〇kg出荷となるので、一頭当たり年間四七・五万円の農業粗収益が見込める。その差は一九・八万円である。

◆収穫調製コストを加味すると農業所得は逆転

しかし、出穂期刈りのサイレージを給与していた中標津農業高校農場は一頭当たり実質年間出荷乳量が六四〇〇kgであり、一頭当たり年間五〇・七万円の農業粗収益となってしまい、結実期刈りの乾草を給与していた酪農家との差は三・二万円でしかなくなってしまう。

結実期刈りと出穂期刈りでは、出穂期刈りのほうがざっと一ha当たり三・八万円ほど牧草収穫調製のコストが多くかかる（56ページ表3―2参照）。出穂期刈りでTDN含量と粗タンパク質含量の高い草をつくり生産乳量を増やしても、搾乳牛が調子を崩せば結実期刈りよりも、ここでは乳牛一頭当たり一haなので、一ha当たり三・二万円しか農業粗収益は多くならない。差し引きすると（三・八万円―三・二万円）、なんと〇・六万円結実期刈りのほうが農業所得が多くなるのである。

結果的に一生懸命TDN含量と粗タンパク質含量の高い牧草を、コストをかけてつくっても、コストをかけた分だけ実質の生産乳量が増えないだけではなく、逆にコストの分を回収できないという事態もおこりうるのである。

5 サイレージ調製をする地域での視点

◆その土地で必要最低限の機械・資材は？

気候の都合で、どうしてもサイレージ調製で牧草を収穫せざるを得ない地域もたくさんあると思う。そこで思い返していただきたいのが、かけたコストを回収してさらに収益があるか、ということを落ち着いて考える視点である。それぞれの地域で、それぞれの土地で、最低限どのような機械装備と資材が必要かということをじっくり考えることが、生産コストを減らして牛の故障を防ぎ、確実に農業所得をふところにいれるコツになる。

◆乳量より牛にとってよい草を基準に判断

大型のハーベスタ、大型ジャイロテッダ、三連モアコン、大型バンカーサイロははたして必ず必要な物だろうか？

サイレージ調製をする、という選択をせざるを得なくとも、牧草が乳酸発酵しやすいのは牧草に糖分が充分に蓄積された開花期から結実期にかけてである。北海道根釧地方でいえば七月中旬から七月下旬であり、この時ならばサイレージ添加剤は必要性が薄くなる。また牧草の水分も減少してくるころであり、大型のハーベスタでなければ機械に目詰まりをおこす、ということも少ない。

ＴＤＮ含量と粗タンパク質含量に振り回され、乳量アップに振り回されるのではなく、トータルなバランスを考えることが必要である。そのポイントとして、まず、牛にとってよい草とはＴＤＮ含量と粗タンパク質含量が高い草ではないこと、収穫に本来都合がよい時期があること、少なくともこの二点を頭の片隅に入れておくことが必要である。

第4章 化学肥料のムダを減らす

1 五月上旬の春施肥では化学肥料の利用効率は低い

① 早すぎる春施肥は牧草が必要としていない

あなたは、いつ草地に肥料をやっているだろうか。

草地に化学肥料や堆厩肥、スラリーを施用するタイミングによって、牧草の窒素利用効率がちがってくるため、牧草の生産コストに大きな差が出てくる。

◆根釧地方で多く見られる施肥

北海道の根釧地方では、前の年の十一月にスラリー、堆厩肥を草地に散布する例が多い（写真4―1）。この時期に散布したスラリーや堆厩肥は、冬に向かっている季節なので、土壌の表面で凍っているだけである。

根釧地方では、シバレが抜けて（土壌中の氷が溶けて）トラクタが草地に入れる五月の連休前後になると、いっせいに化学肥料の春施肥をする（写真4—2）。

しかしこの時期の牧草は、萌芽はじめの状態であり、養分吸収の準備はまだできていない。養分吸収が充分にできるようになるのは、地温が上昇する五月中旬以降である。

写真4－1　11月のスラリー散布
この時期に散布しても冬に向かうので，土壌の表面で凍るだけ

写真4－2　5月上旬の化学肥料施肥
牧草の萌芽はじめで養分吸収の準備ができていない

◆牧草には早すぎる時期に大量の肥料

萌芽はじめは、野菜や水稲でいえば育苗期間に似ている。育苗期間はあまり肥料を必要としない。肥料がありすぎると徒長して軟弱な病気がちの苗になってしまう。牧草も同様で、あまり肥料を必要としない時期なのである。

前年の初冬に散布して凍っていたスラリーや堆厩肥が融けて硝酸態窒素やアンモニア態窒素などの無機態窒素が流れ出す。そのうえ、化学肥料まで散布される。養分吸収の準備ができていない牧草には早すぎる時期に、大量の肥料が与えられることになる。

2 肥料の六割強がムダに流れている

◆施肥時期に半月のタイムラグ

牧草にとって窒素肥料を施肥してもらいたい時期は、幼穂が動きはじめる直前、五月中旬の分げつ期（茎の数を増やしている時期）である（写真4―3）。一般的に行なわれている施肥時期と実際に牧草が施肥をしてもらいたい時期とは、半月のタイムラグがある。この半月のタイムラグが、化学肥料や堆厩肥、スラリー中の硝酸態窒素やアンモニア態窒素といった無機態窒素などの利用効率に大きく影響する。

つまり、五月上旬にまいた化学肥料などは、五月中旬まで牧草に充分吸収されない。そして、化学肥料などのかなりの部分が牧草に吸収される前に雨などで流されたり、地下浸透したりしてしまう。

◆肥料の多くは地下浸透して河川に流れ込む

流されたり地下浸透したりした肥料分の大部分は、最終的には河川に流れ込むと考えられるので、この時期の河川水の硝酸態窒素濃度と流量から、草地に散布された化学肥料などが、実際どれくらい牧草に利用されたのかが推定できる。

北海道根釧地方の中標津町を流れている、当幌川上流を例に考えてみよう。当幌川は上流流域は草地であり、その中を源流として流れている。地形的に、草地から流出した肥料分がそのまま流れ込む川である。

当幌川上流流域の草地面積は一〇六〇ha程度で、全草地に散布される化学肥料、スラリー、堆厩肥の窒素量は一ha当たり平均一五〇kgであった。この流域の施肥量は窒素で年間一五九tとなる。いっぽう、当幌川の年間流量は九〇四万三五〇〇tであり、窒素の平均濃度は一・一二mg／ℓであった。これらのデータから当幌川上流を流れ去っていく窒素は一〇一tと推定される。

◆少なくとも肥料の六割がムダになっている

つまり、草地に散布される肥料の六四％（一〇一t÷一五九t×一〇〇）が河川に流れていき、実際に牧草が吸収して利用している窒素は、当幌川へ流れていない窒素を全て牧草が吸収できていると仮定しても三六％というのが実態である。実際は、硝酸態窒素を含んだ土壌水が深層地下水まで地下浸透している可能性があるために、牧草が吸収して利用している窒素はもっと少ないと考えられる。

少なくとも肥料の六割がムダになっているのである。これを逆に考えると、牧草の肥料の利用効率をアップさせることができれば、肥料コストはかなり低減できることになる。

写真4－3　5月中旬の分げつ期のチモシー

牧草はこの時期に窒素肥料を施肥してもらいたい

2 牧草が窒素をほしがるタイミングは五月下旬の幼穂形成期

1 萌芽期の施肥では分げつ数増加は期待できない

さきほど、牧草にとってタイミングのよい化学肥料の施肥時期は、北海道根釧地方では五月中旬と述べたが、このことについて考えてみたい。

チモシーやオーチャードグラスなどの寒地型牧草は、平均気温が五℃を超えると芽が動きはじめる。平均気温が五℃を超えはじめるのは、北海道根釧地方では五月の連休前後になる。つまり、土壌凍結が終わった五月の連休前後が萌芽はじめになる。

一般的に考えると、分げつ期に茎数を増やせば収量は増加する。しかし北海道根釧地方では、分げつ

牧草が窒素をほしがるのは5月下旬の幼穂形成期から

期である五月中旬の平均気温は八℃程度である。この気温では大幅な分げつの増加は期待できない。少なくとも北海道根釧地方で牧草の分げつ数増加をねらって、萌芽開始とともに化学肥料を施肥しても、牧草の根は動き出したばかりなので、土壌中の無機態窒素をたくさん吸収することは期待できない。結果として、牧草の分げつ数増加による増収はむずかしいと考えられる。

なお北海道根釧地方では、牧草の春の分げつ数を決めるのは、五月中旬の分げつ期の分げつ数の増加よりも、前年の秋にどれだけ分げつを確保できたかに左右される。

2 幼穂形成期から窒素吸収が多くなる

◆牧草の生育適温と窒素吸収

寒地型牧草の生育適温は一二〜二〇℃である。北海道根釧地方で平均気温が一二℃程度になるのは六月上旬である。この生育適温になったとき、寒地型牧草は「節間伸長期」とよばれる、茎をいっせいに

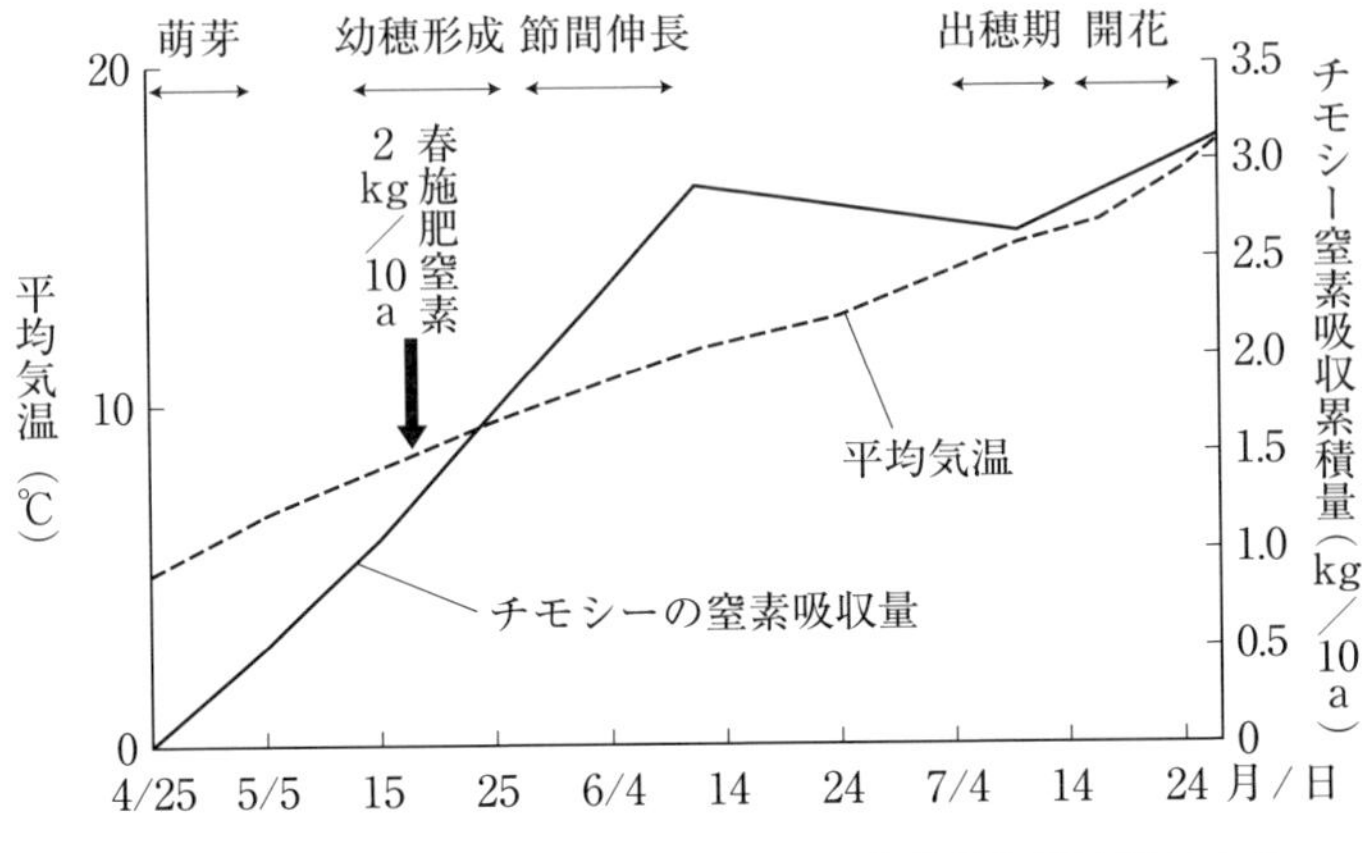

図4－1　気温が上昇するとチモシーの窒素吸収量は増加する

伸ばして草丈が急激に伸びる時期をむかえる。

じつは、牧草がより多く窒素をほしがりはじめるのは、六月上旬の伸長期の少し前、幼穂形成期なのである（図4—1）。実際、萌芽はじめから幼穂形成期の直前まで（四月下旬から五月中旬まで）は、一日一〇a当たり〇・〇五三kgの窒素を吸収しているが、幼穂形成期から節間伸長期にかけて（五月下旬から六月中旬まで）は、一日一〇a当たり〇・〇六五kgの窒素を吸収している。

◆施肥は幼穂形成期数日前から一週間前に

幼穂形成期から節間伸長期にかけて（五月下旬から六月中旬まで）窒素の吸収量がそれ以前よりも多くなることを考えると、五月下旬の幼穂形成期には、牧草が窒素を充分に吸収できる状態の土壌であることが必要である。

節間伸長期には茎の中で幼穂が急速に発達して茎の中を上っていくが、このときたくさんの窒素を吸収する。そのためには、少なくとも五月下旬の幼穂形成期には、土壌中に無機態窒素が充分にある必要がある。

化学肥料が土壌中の水分によって溶けだして、アンモニア態窒素や硝酸態窒素になるには少し時間がかかる。化学肥料を散布した後に雨がいつ降るかにも左右されるが、散布した化学肥料が効きはじめるには数日から一週間のタイムラグがあると考えられる。

五月下旬の幼穂形成期に土壌中に無機態窒素が充分にある状態にするためには、化学肥料を散布してから効きはじめるタイムラグを考えると、幼穂形成期の少なくとも数日から一週間前である五月中旬の分げつ期が化学肥料の施肥のタイミングということになる。このタイミングで施肥をすると、牧草が効率よく化学肥料を利用してくれるのである。

3 五月二十日施肥ならムダなく利用される
——肥料コストの削減が可能に

1 五月二十日施肥が牧草の吸収パターンと一致する

◆分げつ期には土壌中に充分な窒素が必要

北海道根釧地方では、五月上旬には地温が上昇し牧草の芽と根が動き出し、五月下旬の幼穂形成期の直前、つまり遅くとも五月二十日の分げつ後期には、土壌中に窒素が充分になければいけないことを考えると、五月二十日の前後数日が、施肥適期と考えられる。

◆五月二十日施肥だと効率よく利用できる

ちょうど、五月二十日前後に化学肥料を草地にまいている酪農家の方がいるので、その方の草地を観察した。ちなみに、ここの酪農家は窒素を一〇a当たり化学肥料で二kg程度、堆厩肥で二kg程度、合計四kg程度の窒素施肥量と低投入型の酪農を実践されている。なお、堆厩肥は五月十日前後に散布している。

図4―2の上の図（低投入型）は、この酪農家の土壌が無機態窒素を放出するようすと、牧草が窒素を吸収するようすを重ね合わせたものである。

五月上旬には、土壌中の無機態窒素放出量はごく少ない状態である。五月二十日に施肥（化学肥料）すると、五月中旬から六月上旬にかけて土壌中の無機態窒素放出量は五月中旬以前にくらべて増える。そしてちょうどこのとき、牧草は窒素をより多くほしがる。土壌が無機態窒素を放出するパターンと牧草が窒素を吸収するパターンがほぼ一致しており、低投入型酪農だからといって窒素不足になっているわけではない。このように五月二十日前後に化学肥料の施肥時期を設定すると、少量の化学肥料を効率よく利用できることになる。

2 五月上旬施肥では充分利用されない

◆窒素吸収量の増加は六月中旬から

いっぽうで、五月上旬の連休前後（五月二～六日）に化学肥料を散布した中標津農業高校採草地をみよう。ここでは窒素を一〇a当たり化学肥料で八kg程度、堆厩肥で窒素を三kg程度、合計一一kg程度の窒素施肥量である。なお、堆厩肥は前年の十月に散布している。

図4―2の下の図（高投入型）は、中標津農業高校採草地の土壌が無機態窒素として窒素を放出するようすと、牧草が窒素を吸収するようすを重ね合わせたものである。

五月初旬には、土壌中の無機態窒素放出量はごく少ない状態である。五月二～六日に施肥（化学肥料）をすると、五月十五日から六月四日にかけて土壌中の無機態窒素放出量は五月十五日以前にくらべて増える。

　しかし、牧草の窒素吸収量は土壌中の無機態窒素放出量がより増加したからといってそれに対応するようには増えない。土壌中の無機態窒素放出量は施肥によって五月十五日から六月四日にかけて五月十五日以前にくらべて増えるのに対し、牧草の窒素

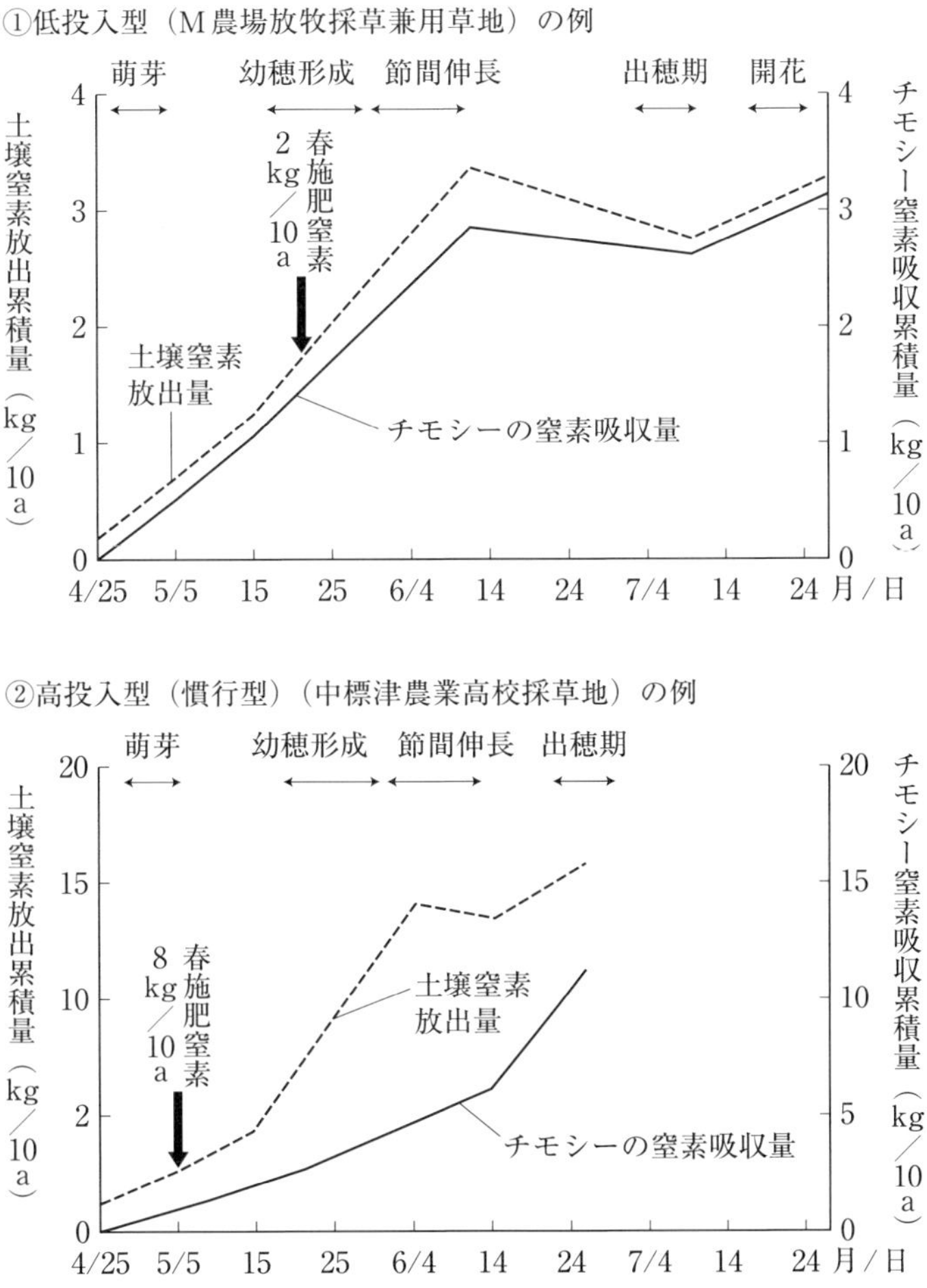

図4－2　低投入型草地の土壌窒素放出パターンとチモシーの窒素吸収量はほぼ一致する

吸収量は四月二十五日の萌芽期から徐々に増えているが、施肥によって増加の程度が変化していない。牧草の窒素吸収量が大きくなるのは、六月中旬の節間伸長期から出穂期にかけてである。

中標津農業高校採草地は出穂期に一番草を収穫している。出穂期に土壌の無機態窒素放出量に牧草の窒素吸収量がようやく追いつこうとしているようにみえるが、収穫されてしまうため、結果的に土壌が無機態窒素として放出した窒素を牧草は使い切れずに収穫してしまう事態となる。

◆牧草の窒素吸収パターンと一致しない

低投入型で五月二十日施肥の場合、土壌の無機態窒素放出量と牧草の窒素吸収量のパターンはほぼ一致し、土壌から放出された無機態窒素はほぼ牧草に吸収される。しかし、高投入型（慣行型）で五月二～六日施肥の場合、土壌の無機態窒素放出量と牧草の窒素吸収量のパターンは一致せず、土壌の無機態窒素放出量に対して牧草の窒素吸収量は常に小さいままであり、土壌から放出された無機態窒素は牧草に全ては吸収されない。

結果的に、低投入型で五月二十日施肥の場合のほうが、高投入型（慣行型）で五月二～六日施肥の場合よりも、ムダになる窒素が少ないことになり、少なくとも窒素肥料の河川などへの流出量は小さいと考えられる。

3 ムダになる窒素を比較してみると

図4―2の上下のグラフは縦軸のオーダーが異なっていることに注意しながら、六月下旬の出穂期を比較してみよう。なお、低投入型（M牧場兼用地）のチモシーは晩生品種、中標津農業高校（高投入・慣行型）は早生品種であることをお断りしておく。

低投入型で五月二十日施肥では土壌が放出する無機態窒素は一〇a当たり三・一kg、牧草の窒素吸収量は一〇a当たり二・七kgなのに対して、高投入型で五月二～六日施肥（慣行型）では土壌が放出する無機態窒素は一〇a当たり一五・七kg、牧草の窒素吸収量は一〇a当たり一一・一kgである。

低投入型で五月二十日施肥に対して高投入型で五月二～六日施肥（慣行型）では、土壌が放出する無機態窒素は五倍になり、牧草の窒素吸収量は四倍である。たしかに、高投入型で五月二〜六日施肥にすると牧草の窒素吸収量は増えるため、粗タンパク質収量やＴＤＮ収量は増加すると予想されるが、ムダになる窒素は二九％、一〇ａ当たり四・六kgになる。

逆に低投入型で五月二十日施肥では牧草の窒素吸収量が少ないために、粗タンパク質収量やＴＤＮ収量は小さいと予想されるが、ムダになる窒素は一三％、一〇ａ当たり〇・四kgである。

馬力は大きいが効率が低い高投入型で五月上旬施肥を選択すべきか、それとも馬力は小さいが効率がよい低投入型で五月中旬施肥を選択すべきか、それをもう少し考えてみたい。

4 六月下旬の出穂期の窒素含量と吸収量の低下の意味

六月下旬の出穂期以降について見てみよう。低投入型で五月中旬施肥の推移を図４―２の上図を見ながら考えてみよう。

六月中旬の節間伸長期から六月下旬の出穂期にかけて牧草の窒素吸収量は鈍るが、同時に土壌が無機態窒素を放出する量も少なくなってくる。五月中旬までに窒素を一〇ａ当たり化学肥料で二kg程度、堆厩肥で窒素を二kg程度、合計四kg程度の窒素を散布しているのに対して、土壌の無機態窒素の放出量が六月中旬までの累積で三・四kgであり、差し引き〇・六kgの窒素がまだ吸収されていない。それにもかかわらず土壌が無機態窒素を放出する量も少なくなっている。これは、土壌中の微生物が土壌中の窒素を吸収し、土壌中の窒素が少なくなるという要因も考えられる。

これには、土壌中の炭素と窒素の比率（Ｃ／Ｎ比）の分布が関連している。一般にＣ／Ｎ比が一七よりも小さいと、土壌中の腐植や堆肥中の有機態窒素がアンモニア態窒素や硝酸態窒素などの無機態窒素になることが多くなる。

5 草地土壌での窒素の動き

時間をさかのぼって、低投入型で五月二十日施肥の草地では、チモシーの萌芽が始まる四月二十八日

（四月下旬）から土壌でどのような動きがおこっているかを考えてみよう（写真4―4）。

◆四月下旬…窒素の放出は少ない

四月二十八日に土壌凍結がようやく抜ける直前の土壌のC／N比は表層、地下一・五cm、地下二・五cm、地下四cmのいずれも一七よりも大きい。気温も低いので、土壌中の腐植などの有機物は分解しにくく、有機物中の窒素（有機態窒素）が微生物によって分解されて、アンモニア態窒素や硝酸態窒素になることは少ない。五月十日に散布された堆肥も同様で、この堆肥のC／N比は一九と一七よりも大きく、気温が低いこともあり、堆肥中の有機態窒素が微生物によって分解されて、アンモニア態窒素や硝酸態窒素になることは少ない（写真4―4の①）。

◆五月下旬…窒素が急速に放出される

五月二十日に施肥された化学肥料は草地表面にまかれる。そのため、草地表面（おそらく表層一cm以内）の窒素（大部分はアンモニア態窒素）の量が多くなり、C／N比は急速に低下する。C／N比が低下すると、土壌表層に集積した腐植や五月十日に散布された堆厩肥中の有機態窒素も微生物によって分解され、無機態窒素（アンモニア態窒素や硝酸態窒素）として急速に放出される（写真4―4の②）。

◆六月上旬…窒素はおおかた牧草に吸収される

放出された無機態窒素は、土壌水の動きによって徐々に下方へ移動する。そこで待ちかまえているのが、牧草の根がマットのように絡み合った層である。地下一cmから三cmまでのあいだに六割が集中している牧草の根が、地表から一cm以内の表層で放出されたアンモニア態窒素や硝酸態窒素をキャッチする（写真4―4の③）。

こうして、五月下旬の幼穂形成期以降、放出されたアンモニア態窒素や硝酸態窒素は、六月上旬には牧草におおかた吸収されることになる。

◆七月上旬…大部分の無機態窒素は牧草に、残りは微生物に吸収される

有機態窒素から分解・放出されたアンモニア態窒

a C/N 比が低下して，窒素をたくさん放出する部分
b 牧草の根が集中している部分

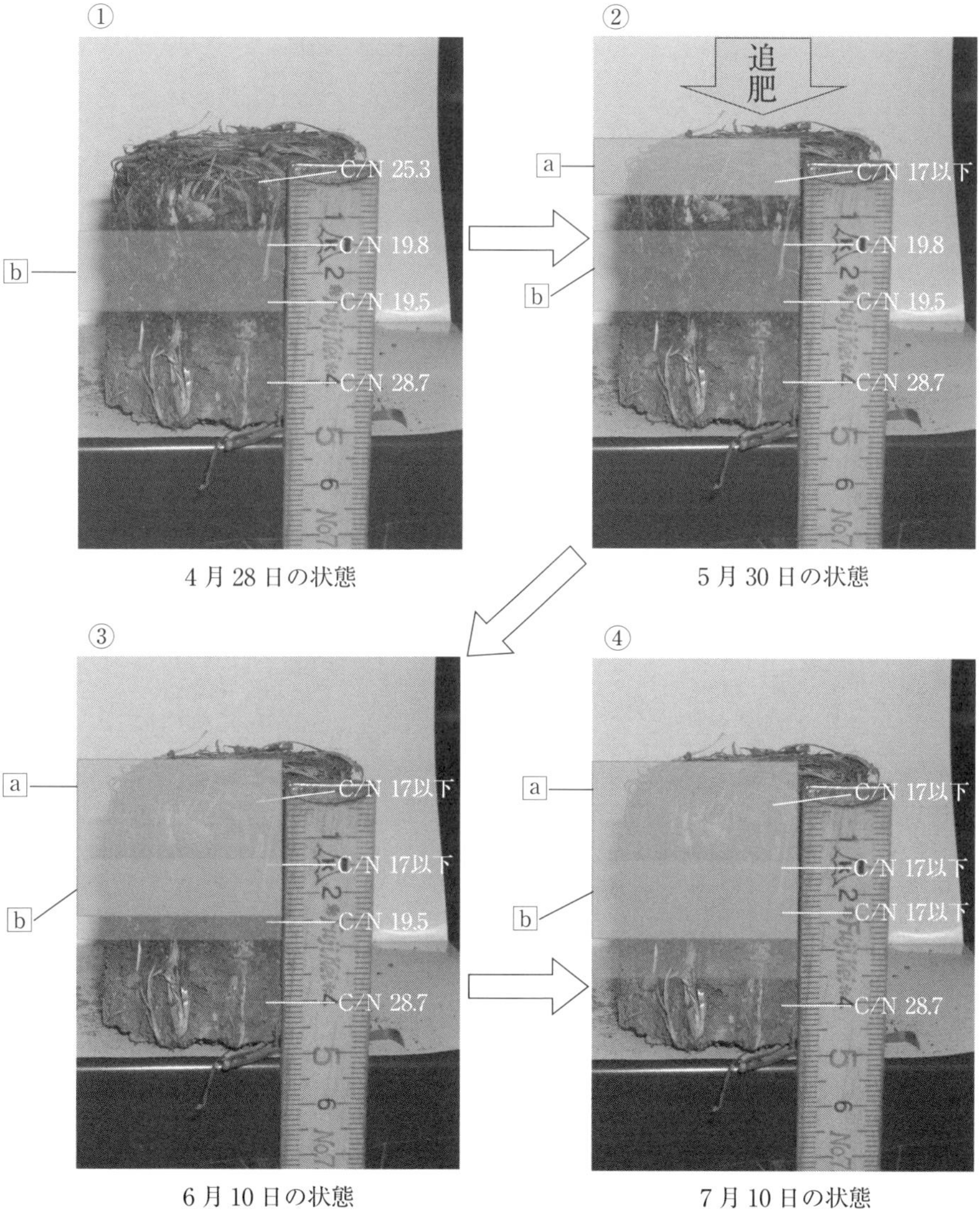

写真４－４　5月中旬施肥による土壌中の無機態窒素の動き
C/N比17の部分が下降しているのがわかる

素や硝酸態窒素は、地下一cmから三cmまでのあいだに牧草の根がマットのように絡み合った層からさらに地下にも拡散していく。地下四cm以下のC／N比は二八・七と高い状態、つまり窒素に対して炭素が非常に多く、微生物としては窒素をほしがっている状態である。ここに分解・放出されたアンモニア態窒素や硝酸態窒素が拡散していくと、微生物に取り込まれる（写真4―4の④）。

　こうして六月下旬までに、化学肥料の表面施用によって発生したアンモニア態窒素と硝酸態窒素は、大部分は牧草に、そして牧草がとりこぼした分は土壌微生物が吸収する。

6 施肥のタイミングでコストを減らせる

　五月二十日に化学肥料を施用することによって、雨水などによって最も河川に流れやすいアンモニア態窒素と硝酸態窒素が牧草に効率的に利用され、あるいは微生物に取り込まれ、トータルとして窒素を効率的に利用できることになる。窒素を効率的に利用できるということは、少ない肥料でも充分に牧草を育てることができることを意味する。そしてそのことは、草地からの窒素流出が少なくなることも意味する。

　施肥のタイミングを牧草の都合に合わせることによって、化学肥料の削減という生産コストの削減が可能になり、なおかつ環境にもやさしい酪農が実現できるのである。

4 少ない化学肥料を充分使い切る

　ここまで、牧草の都合を中心に春施肥の時期を考えてきた。しかし実際には、どのような牧草がほしいか、つまり、いつ刈り取りをしたいのかによっても、施肥の時期を考えていかなければならない。

少ない化学肥料を使い切るのは五月下旬施肥の結実期刈り

1 TDN収量ねらいでは五月上旬施肥が有利

◆TDN収量を高める刈り取り時期

ＴＤＮ含量を高くして、ＴＤＮ収量を増やしたいのであれば、刈り取り時期は六月下旬の出穂期になる。出穂期はまだ牧草の草丈は八〇～九〇cm程度であり、草丈が一〇〇cmをこえる結実期より低い。さらに出穂期はまだ穂に種子がついておらず、その分結実期よりも穂の重さも小さくなる。そのため茎数が同じであれば出穂期の乾物収量は結実期よりも低い。

実際のデータを見よう。根釧農試で施肥（一〇a当たり窒素で一〇kg程度）を、五月七日、五月十七日、五月二十七日にそれぞれ散布して出穂期に一番草を刈り取った試験の結果が図４―３である。参考に五月二十日に一〇a当たり窒素で四kg散布して結実期に一番草を刈り取った低投入型酪農のデータも示した。

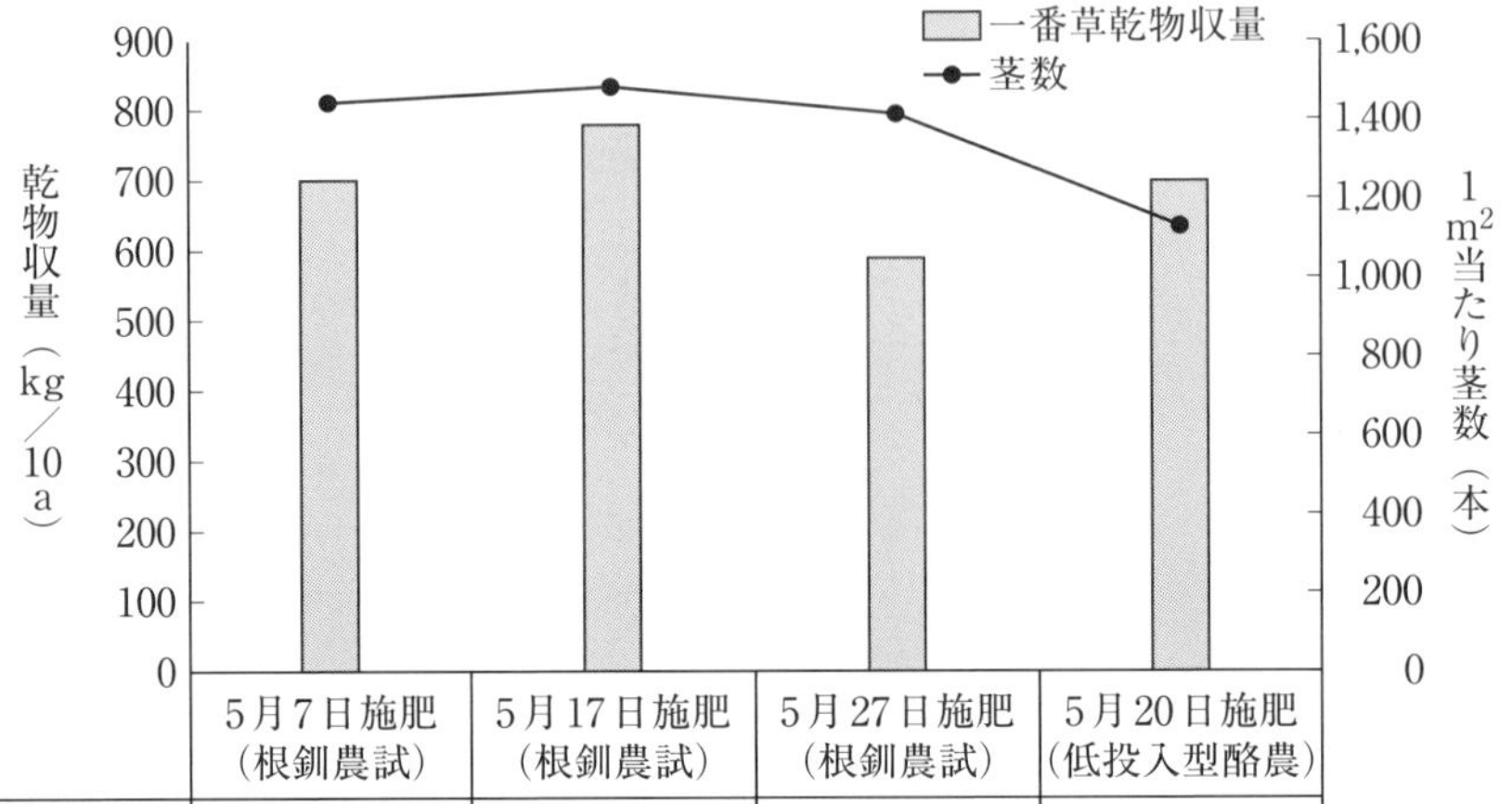

	5月7日施肥（根釧農試）	5月17日施肥（根釧農試）	5月27日施肥（根釧農試）	5月20日施肥（低投入型酪農）
一番草乾物収量	700.0	780.0	590.0	699.4
茎数	1,440	1,480	1,410	1,128

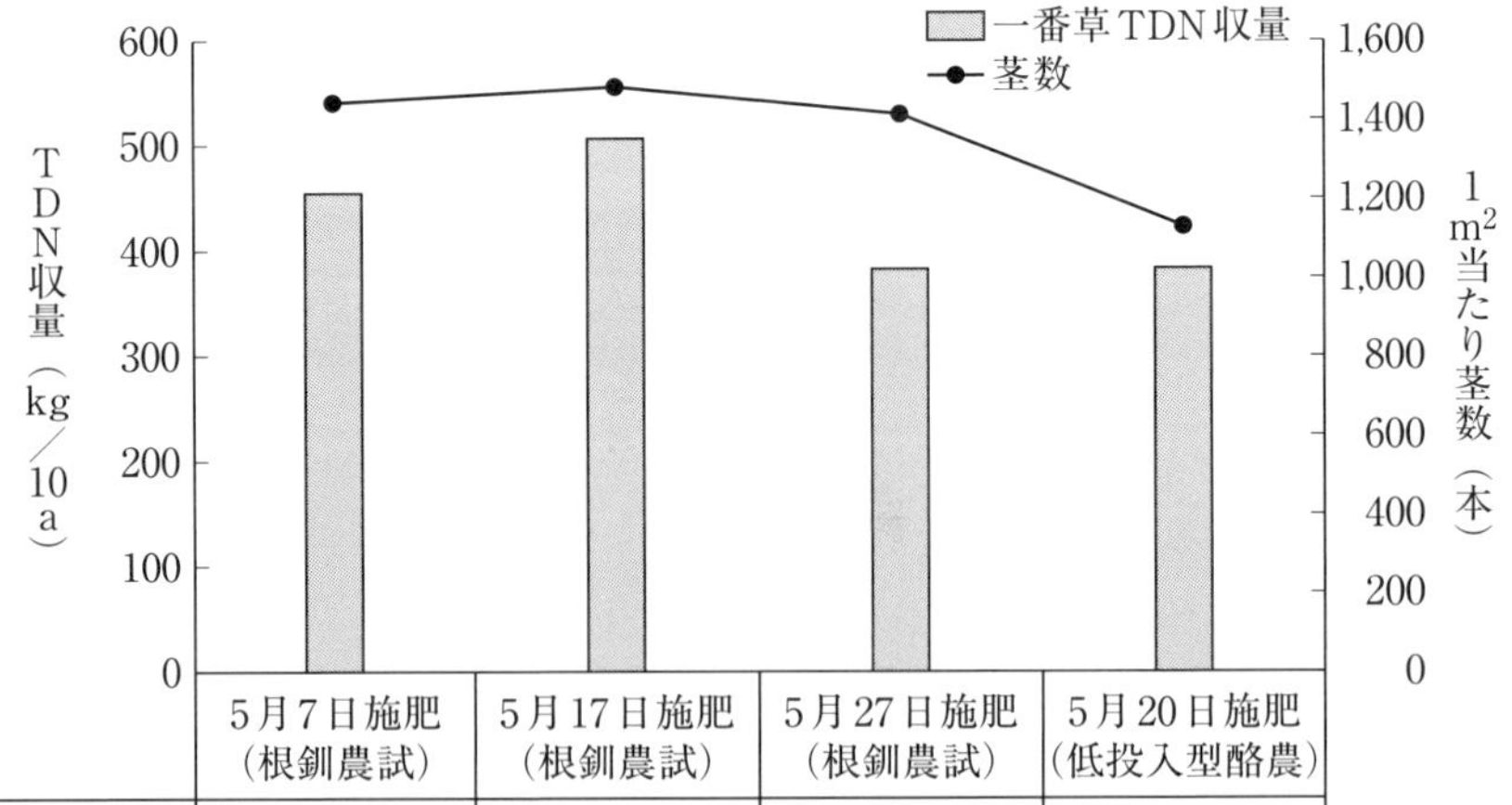

	5月7日施肥（根釧農試）	5月17日施肥（根釧農試）	5月27日施肥（根釧農試）	5月20日施肥（低投入型酪農）
一番草TDN収量	455.0	507.0	383.5	384.7
茎数	1,440	1,480	1,410	1,128

図4－3　施肥時期によって乾物収量，TDN収量は変わる

注）低投入型酪農は窒素施肥量4kg/10aで結実期刈り，根釧農試は窒素施肥量10.2kg/10aで出穂期刈り

TDN収量を見ると、根釧農試では五月十七日施肥・出穂期刈りの一〇a当たり五〇七kgに対して、五月二十日施肥・結実期刈りの低投入型酪農では三八四・七kgとなり二割五分少ない。これは、通常、TDN含量が出穂期は六五％はあるのにくらべて、結実期は五〇％程度しかないことが影響している。

このように、TDN収量を確保することを考えた場合、比較的TDN含量が高い出穂期で刈り取ることが有利であると考えられる。

◆出穂期刈りで乾物収量を確保する施肥時期

それでは、TDN含量が比較的高い出穂期に刈り取って、なおかつ乾物収量を確保するためにはどのように考えるとよいだろうか。

乾物収量を決める要素は大きく分けて二つある。一つは草丈を伸ばすこと。もう一つは茎数を増やすことである。出穂期刈りでは結実期刈りにくらべて草丈は低いから、茎数を増やすことが乾物収量を増加させることにつながる。

茎数を増やす、つまり分げつを増やすためには、五月下旬（五月二十五日ごろ）の幼穂形成期以前の五月中旬（五月十五日ごろ）の分げつ期に、土壌中に無機態窒素が充分になければならない。根釧農業試験場のデータをもとに考えてみよう（図4―3）。

この草地には窒素で一〇a当たり一〇kg程度施肥している。北海道根釧地方ではチモシーの分げつ期は五月十五日ごろになるので、その前に施肥をして土壌中に無機態窒素が充分にある状態にする。そのために、化学肥料を散布してから効きはじめるタイムラグを考えると、五月十五日ごろの分げつ期の少なくとも数日から一週間前である五月六日ごろの萌芽期が化学肥料の施肥のタイミングということになる。しかも、地温が低く堆肥や土壌の腐植中の有機態窒素の分解はあまり期待できないので、化学肥料によって大部分の無機態窒素を補うことになる。すなわち、多めに（窒素で一〇a当たり一〇kg程度）化学肥料を散布しなければならない。

実際に、施肥を萌芽期である五月七日から分げつ期である五月十七日にすると、分げつ（茎）の数は一㎡当たり一四四〇～一四八〇本になるが、五月二十七日の幼穂形成期の施肥では一四一〇本と減ってしまう。この状態で出穂期刈りを行なうと乾物収量が減ってしまうので、五月十七日より施肥を遅らせることはできない。TDN収量を重視して、なおかつ乾物収量をある程度確保して出穂期に刈り取るには、茎数を多くしなければならないので、遅くとも五月十七日の分げつ期より前の施肥が有利になるのである。

2 乾物収量ねらいなら五月中下旬施肥が有利

◆施肥のちがいによる乾物収量の比較

いっぽう、乾物収量を確保することに主眼をおくと、施肥時期は地温が上昇しはじめる五月二十日前後が適期になる。この施肥時期では、五月十七日の分げつ期には土壌中の無機態窒素がまだ少なく、分げつ数(茎数)を増やすことはむずかしい。しかし、六月上旬以降の伸長期には充分に土壌中の無機態窒素があるので、茎はよく伸長し、一本一本の茎が太く大きくなる。茎数は少なくても、茎が伸長しきったときに刈り取ると、収量は思ったよりも少なくならない。

五月十七日に一〇a当たり窒素で一〇kg程度散布して出穂期に一番草を刈り取った根釧農試の試験と、五月二十日に一〇a当たり窒素で四kg程度散布して結実期に一番草を刈り取った低投入型酪農のデータを比較しながら考えてみよう(図4―3)。

乾物収量を見てみると、五月十七日施肥・出穂期刈りの根釧農試では一〇a当たり七八〇kgに対して、五月二十日施肥・結実期刈りの低投入型酪農では六九九・四kgとなり、低投入型酪農のほうが一割少ない。しかし、窒素施肥量では、根釧農試の試験にくらべて低投入型酪農のほうが六割少ない(仮に同じ窒素施肥量でそれぞれの刈り取り時期での乾物収量を比較すると、低投入型酪農は根釧農試の試験と同等かそれ以上である可能性が高い)。

◆低投入型酪農では一本一本の茎が充実する

そしてもう一つ、一㎡当たりの茎数は、五月十七日施肥・出穂期刈りの根釧農試では一四八〇本に対して、五月二十日施肥・結実期刈りの低投入型酪農では一一二八本と、低投入型酪農のほうが二割五分少ない。

根釧農試の試験にくらべて低投入型酪農では、茎数が二割五分も少ないにもかかわらず、一割少ない乾物収量で収まっている理由は、茎一本一本が重いことが原因として考えられる。実際に根釧農試の試験では茎一本の重さは乾物で〇・五二七gであるが低投入型酪農では〇・六二gと、茎一本の重さが一割五分重い。五月二十日施肥・結実期刈りの低投入型酪農では牧草の茎が重く充実しているのである。

ただし、刈り取り時期は開花期から結実期になるため、TDN含量、TDN収量は低くなる。TDN収量は、根釧農試の試験では一〇a当たり五〇七kg、低投入型酪農では三八四・七kgと、低投入型酪農は根釧農試の試験よりも二割五分低く、乾物収量よりも少なくなる割合がより大きくなっている。

◆五月二十日前後・少ない窒素施肥でも穂は充実

乾物収量を重視すると、茎の一本一本の重さを充実させるために、五月二十日前後の幼穂形成期直前の施肥という選択ができる（図4―3）。牧草が本当に肥料をほしがっているのは、幼穂が動きはじめる直前、チモシーでいえば葉が三枚から五枚になったとき、草丈では一二～一四㎝のときである。

穂の長さと茎の長さは比例関係にあるので、草丈

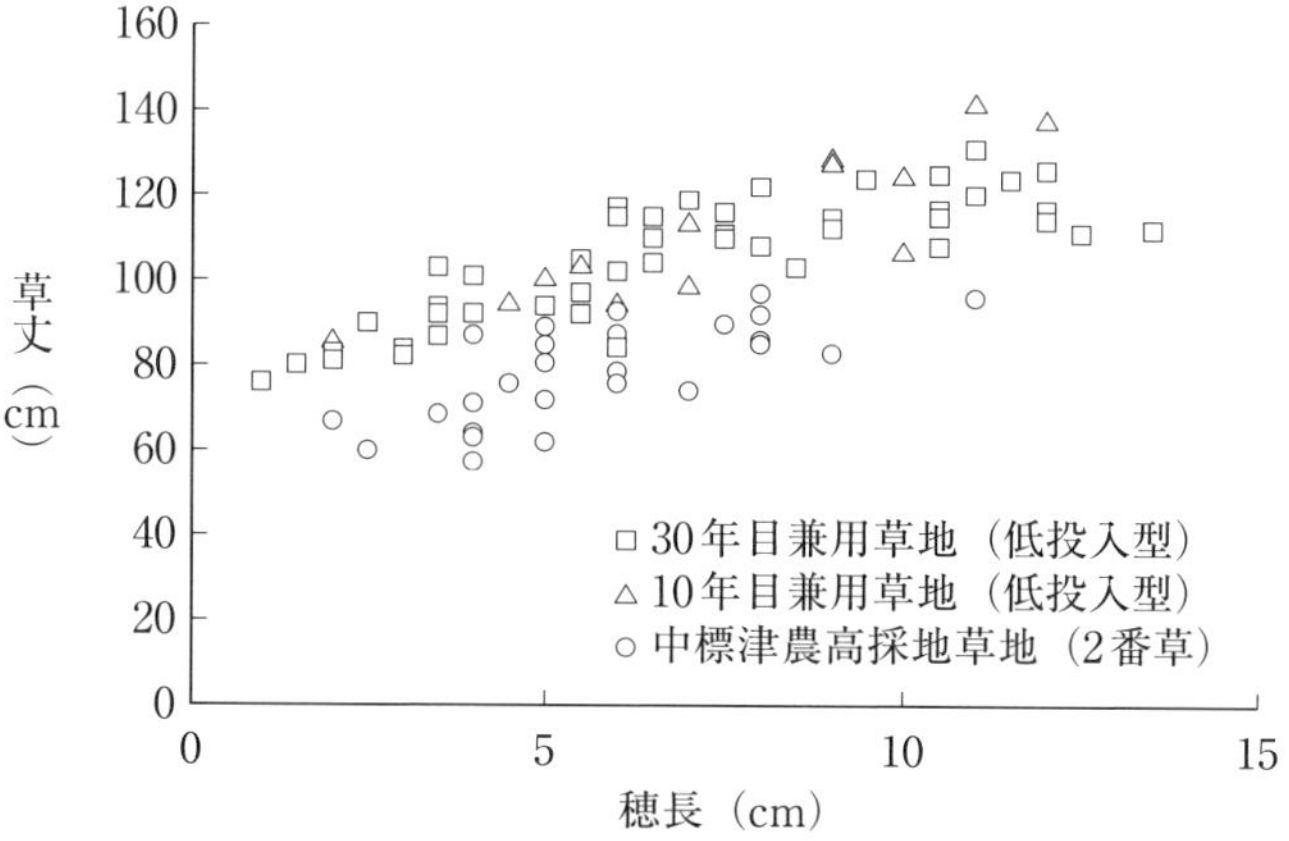

図4－4　茎を長くすると穂も長くなる

注）兼用地とは，放牧・採草の兼用草地

がよく伸びれば充実した穂ができる（図4―4）。長く大きな穂を結実期につけることができると草丈が伸びるので、牧草の乾物収量は増加する。しかも、牧草の都合に合わせた施肥をしているので、少ない窒素でも充実した穂をつくることができ、一面にチモシーの穂がゆれる草地が実現できる（写真4―5①）。

①低投入型兼用草地1番草（チモシー優占）

②慣行施肥採草地1番草（シバムギ優占）

写真4－5　低投入でもこのような立派なチモシー草地になる

注）低投入型兼用草地は窒素施肥量4kg/10aで結実期刈り，慣行施肥採用地は窒素施肥量1kg/10aで出穂期刈り

3 結実期収穫で乾物収量をねらえばコストダウンに

「TDN収量重視＝茎数重視型＝萌芽期から分げつ期前（五月二～六日）の施肥で出穂期刈り取り」ではTDN収量は高くなるが、施肥した肥料の効率が悪く、六割の窒素が使われずに河川に流れ出ている。いっぽう「乾物収量重視＝茎重重視型＝分げつ期から幼穂形成期直前（五月二十日ごろ）の施肥で結実期刈り取り」ではTDN収量は低いが乾物収量は高くなる。しかも、少ない肥料をムダなく充分に使い切ることができる。

TDN収量一kg当たりの化学肥料のコストを比較してみよう。

根釧農試の試験では、五月上旬から中旬に窒素を一〇a当たり一〇kg施した場合、TDN収量は一〇a当たり五〇七kg、一〇a当たりの肥料のコストは全て化学肥料だと仮定すると二一九三・四円になるので、TDN収量一kg当たりの化学肥料のコストは二・四円である。

いっぽう、低投入型酪農で、五月中旬から下旬に窒素を一〇a当たり四kg施した場合、TDN収量は一〇a当たり三八四・七kg、一〇a当たりの肥料のコストは全て化学肥料だと仮定すると四六八円になるので、TDN収量一kg当たりの化学肥料のコストは一・二円である（図4―5）。

このように「乾物収量重視＝茎重重視型＝分げつ期から幼穂形成期直前（五月二十日ごろ）の施肥で結実期刈り取り」という、牧草の都合を考えた施肥にすると、実際の酪農経営でもコストを抑えることができることがわかる。

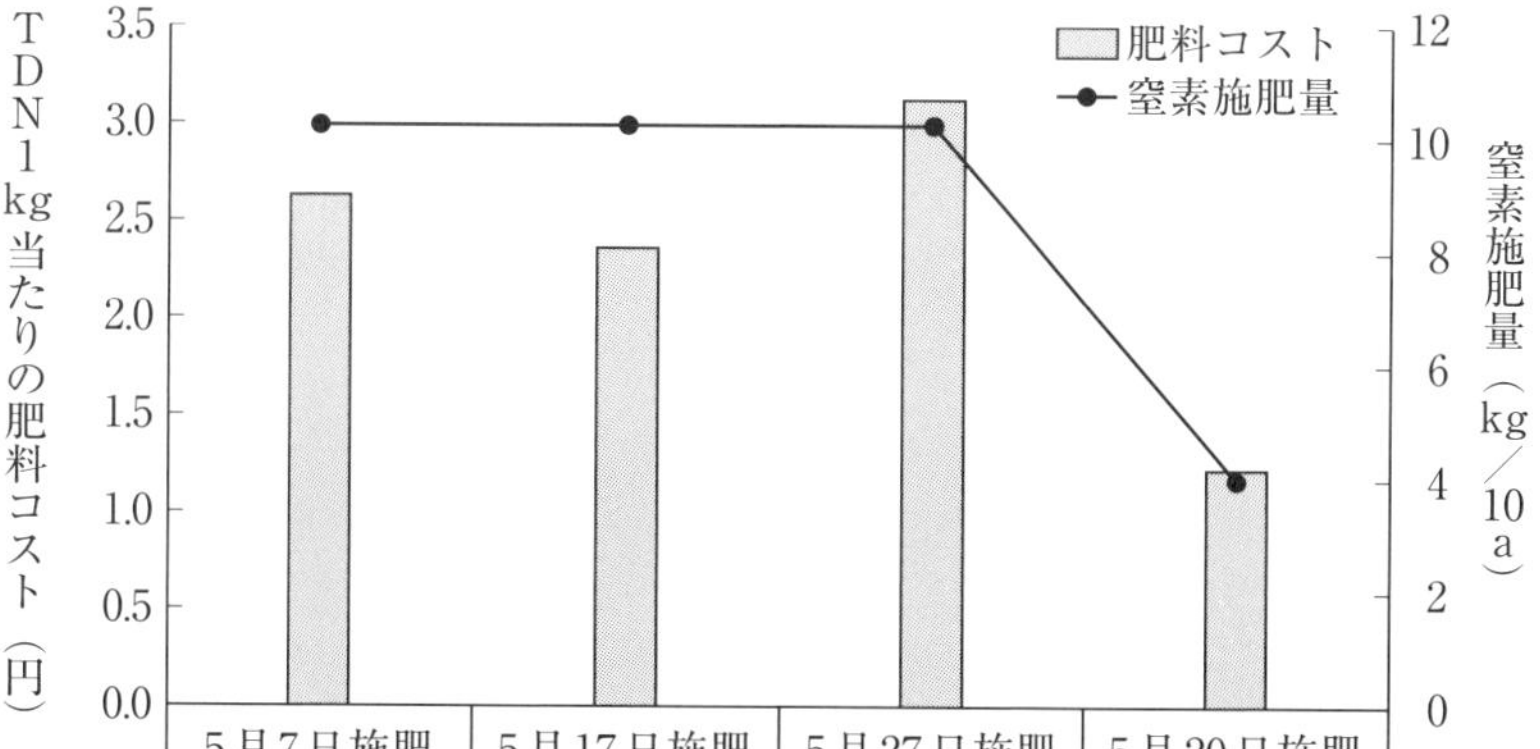

	5月7日施肥（根釧農試）	5月17日施肥（根釧農試）	5月27日施肥（根釧農試）	5月20日施肥（低投入型酪農）
肥料コスト	2.6	2.4	3.1	1.2
窒素施肥量	10.2	10.2	10.2	4.0

図4－5　施肥時期を工夫すると，TDN1kg当たりの肥料コストを抑えられる

注）低投入型酪農は窒素施肥量4kg/10aで結実期刈り，根釧農試は窒素施肥量10.2kg/10aで出穂期刈り

5 茎に貯蔵された炭水化物が草地更新を左右

1 刈り取り時期と牧草の再生

多年草である牧草の生育特性として、出穂期までは自分の体を大きくすることに光合成のエネルギーを使い、出穂期以降は光合成で得られたエネルギーを穂と地ぎわの茎に貯蔵炭水化物としてため込む性質がある。地ぎわの茎に貯蔵された炭水化物（フルクタン〈注1〉）は、刈り取られた後に再生するためのエネルギー源になる。

出穂期刈りでは、地ぎわの茎に貯蔵された炭水化物はまだ少ない（糖度が低い）ので、この時期に刈ると、その後の再生はよくない。いっぽう、結実期では茎に貯蔵された炭水化物は多い（糖度が高い）ので、その後の再生がよくなる（図4―6）。

2 再生がよければ草地更新は必要なくなる

チモシーでは、炭水化物が充分に貯蔵される七月下旬に地ぎわに球根（コーム）〈注2〉ができる。球根ができるとチモシーの再生がよくなり、衰退しなくなる。写真4―5①の低投入型の草地は、四〇年以上更新されていないが、それはチモシーが衰退しないため、草地更新の必要性がないからである。

現在、一般には一〇年に一回の頻度で草地更新が行なわれている。一回の草地更新を行なうと、一ha当たり三〇万円はかかる。五〇haの草地を一〇年に一回更新するとなると、毎年五haは更新しなければならないので、一年間で一五〇万円の生産コストが発生する。中山間地補給金でかなりの部分はまかなえるとはいえ、けっして小さいコストではない。金銭だけでなく、手間や時間もかかる。草地更新をする必要がなくなれば、このコストはゼロになるのである。

〈注1〉フルクタン：糖分の一種。光合成でできた果糖が

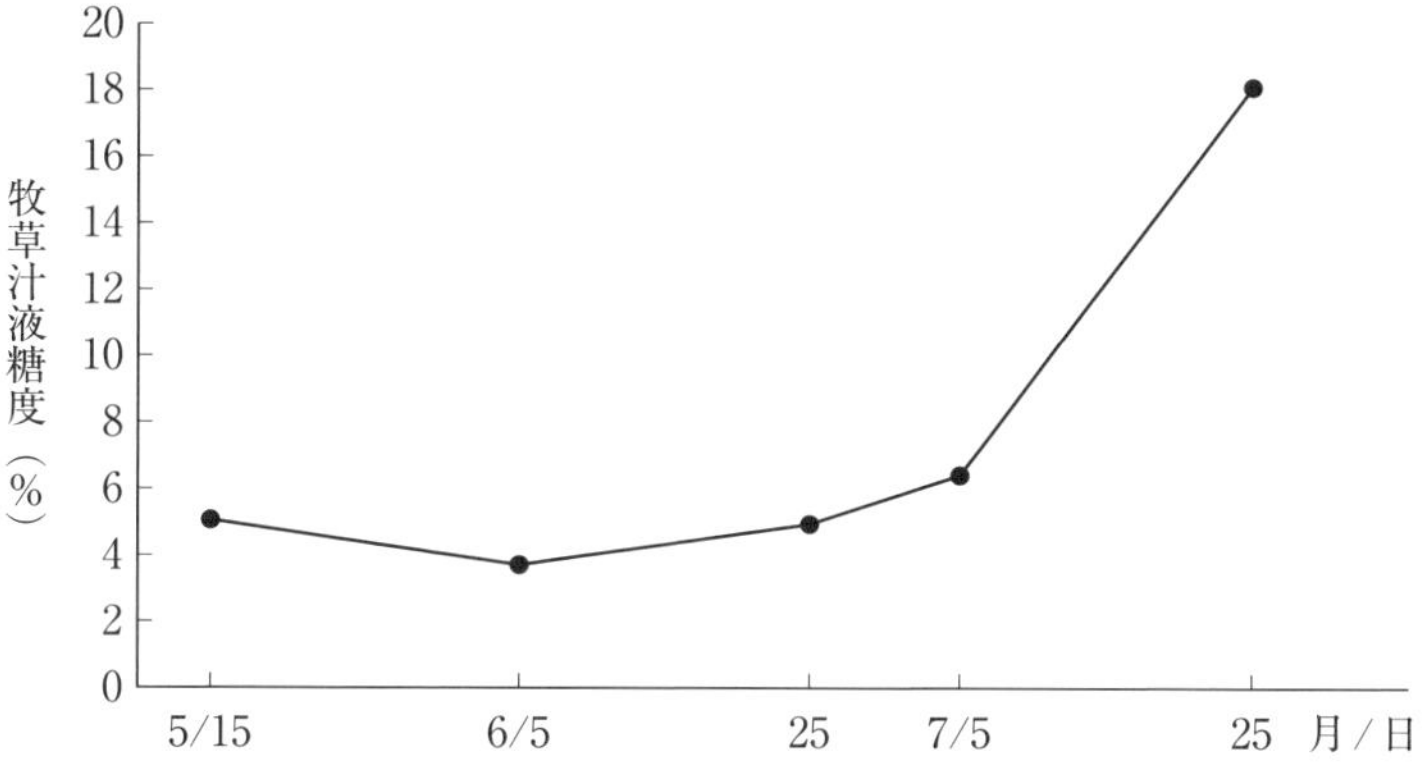

図4－6　チモシーの汁液糖度の推移
チモシーが糖分をためて再生に備えられるのは7月下旬以降
注）低投入型兼用地の実測

四つ重合した構造をもっている。イネ科牧草は刈り取り後の次の再生のためのエネルギー源や、越冬のためのエネルギー源として地ぎわの茎や球根（コーム）にフルクタンを蓄える性質がある。ジャガイモやサツマイモが塊茎や塊根にデンプンを蓄えるように、イネ科牧草はフルクタンを蓄える。

〈注2〉球根（コーム）：チモシーの結実期によく見られる。茎の一番下の地ぎわが丸く膨らむ。直径は五～八㎜になる。この球根の中にフルクタンを蓄え、刈り取り後の再生に備えたり、越冬に備える。

第5章 「落ち穂」を残す精神
——牧草は土壌微生物と牧草の再生にも使われる

1 牧草の枯れ草が草地を豊かにする

[1] 低投入型では牧草の一割は枯れ草として草地に残される

草地からの牧草生産は、牛・人間ばかりでなく、土壌生物と牧草の再生産にも向けられるほうがいい結果になる。ここでは、生産された牧草のゆくえを考えてみよう。

◆枯れ草が堆積して堆積腐植層ができる

草地に育った牧草は、放牧利用にしても採草利用にしても、全て牛の口にはいるわけではない。一割程度の草は枯れ草（リター）として草地の表面に堆積していく。とくに下葉が枯れて堆積していくことが多い。この枯れ草が表面に堆積していった地面の層を「堆積腐植層」とよんでいる。

生産コスト（化学肥料と濃厚飼料）を抑えた低投入型酪農経営では、草地表層に「堆積腐植層」または「ルートマット」の層ができるが、化学肥料や濃厚飼料を多用する慣行型の酪農経営ではできることが少ない（写真5―1）。この理由は次のように考えられる。

◆土壌表層に窒素が多いと有機物が堆積しづらい

ポイントは土壌表層に積もっていく堆厩肥や枯れ草などの有機物の炭素と窒素の比率、つまりC／N比である。そしてこのC／N比は草地表層に散布される化学肥料にも左右される。低投入型酪農経営のように、化学肥料や濃厚飼料が少ないと、土壌表層の窒素は少ない状態となる。窒素が少ないため、炭

①低投入型草地の表面から地下5㎝

②慣行型草地の表面から地下5㎝（中標津農業高校採草地）

写真5－1　低投入型酪農の草地には堆積腐植層（腐葉土の層）がある

素に対して窒素が少ない、つまりC／N比が一七よりも高くなる。C／N比が一七よりも高い状態では、土壌表層に積もっていく堆厩肥や枯れ草などの有機物の分解はゆっくりとすすため、草地表層には有機物が堆積しやすい。

いっぽう、慣行型の酪農経営では化学肥料や濃厚飼料を多用するために、土壌表層の窒素は多い状態となる。窒素が多いため、炭素に対して窒素が多い、つまりC／N比が一七よりも低くなる。C／N比が一七よりも低い状態では、土壌表層に積もっていく堆厩肥や枯れ草などの有機物の分解は急速にすすむため、草地表層には有機物が堆積しづらい。

2 堆積腐植層の発達

◆二〇年で三㎝もの「堆積腐植層」ができる

一割の枯れ草が発生するということは、一年間で一〇a当たり五〇〇kgの牧草生産量（乾物）のうち、五〇kgは草地の表面に残るということである。堆厩肥や枯れ草の堆積した層、すなわち「堆積腐植層」は年々蓄積されていき、二〇年経過すると三㎝程度もの厚さになる（写真5―1①）。

低投入型酪農やそれに近い酪農経営（化学肥料や濃厚飼料の使用量が比較的少ない）をしている酪農家の草地表層を一七ヵ所観察させていただいた。

一番表面には、蓄積したばかりの枯れ草が見える。枯れ草の形がそのままある一番表面の層をL層とよぶ。この枯れ草をピンセットでていねいにはがしていくと、やや分解した枯れ草と牧草の根が集積した層が見えてくる。この層をF層とよぶ。さらにやや分解した枯れ草と牧草の根をはがしていくと、枯れ草がすっかり分解して黒っぽい粉状になった層になる。この層をH層とよぶ。さらに、黒い粉状になった層をていねいに取り除くと、ようやく元々の土である、火山灰の黒土の層（A層）が出てくる（写真5―2）。

◆堆積腐植層は年数経過とともに厚くなっていく

草地の表層の「堆積腐植層」または一般に「ルートマットとよばれている層」（L層、F層、H層を

①地表面のＬ層

②Ｌ層をはがすとＦ層（分解した枯れ草と牧草根の集積層）があらわれる

③Ｆ層をはがすと，Ｈ層（枯れ草がすっかり分解した層）があらわれる

④Ｈ層をはがすと，Ａ層（火山灰の層）があらわれる

写真５－２　低投入型草地の表面をはがしていくと……

合わせたもの）は、草地更新後の年数が経過するほど厚くなっていく（図５―１）。草地更新をしてから一～四年の新播草地では〇・五cm程度、二〇～三〇年草地更新をしていない低投入型酪農の経年草地では二・五cmになる（写真５―３）。

　後ほど述べるように、この堆積した枯れ草や堆厩肥には意外に多くの肥料成分、すなわちミネラルを含んでいる。枯れ草や堆厩肥が土壌の表面に堆積していくことによって、土壌の表面にミネラルが濃縮していく。これは、牧草にとって居心地のよい環境になっていくことになる。牧草は、自ら自分にとって快適な環境をつくり出しているのである。

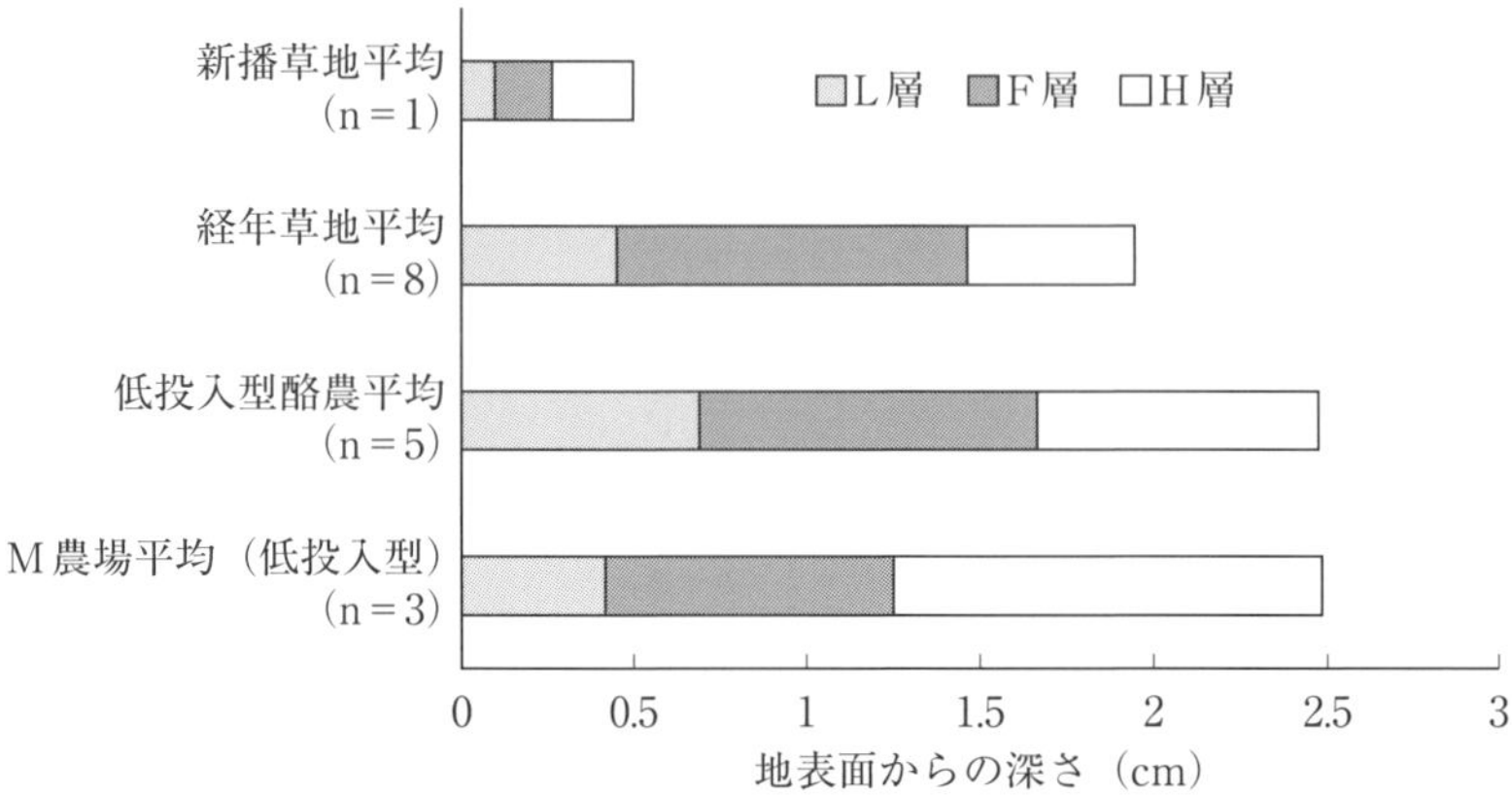

図5－1　低投入型酪農はL層F層H層の合計が2.5㎝になる

注）1. 新播草地は草地更新後4年以内，経年草地は草地更新後10年程度，低投入型酪農やM農場は，草地造成後20年から40年経過
2. n＝は調査した草地の枚数

3 草地にもどった枯れ草はムダにならない

枯れ草を減らすことができればそれだけ牛が多く飼えるので、牧草生産量の一割もの枯れ草を草地の表面に残すのは、もったいないと思うかもしれないが、そうではない。

①草地更新後25年経過した放牧地の表層（M牧場）

②草地更新後20年経過した放牧地の表層（I牧場）

写真5－3　低投入型草地には，堆積腐植層が発達する

表層に堆積した枯れ草は、下層になるにしたがって徐々に分解されて、最後は黒っぽい粉状になる。枯れ草は微生物や小動物によって徐々に分解され、腐葉土のような黒っぽい粉状の土になっていく。

つまり、枯れ草は土壌の生き物のエサになっているのである。したがって、枯れ草を減らすことは、土壌の生き物たちのエサを少なくすることになる。また、結果として、腐葉土のような部分が少なくなるので、牧草が再利用できるミネラルも少なくなる。

このように、草地の土壌表面に蓄積していく枯れ草という「落ち穂」は、腐葉土のような土になり、最終的に牧草の再生産に利用されるので、けっしてムダにならないのである。

2 「堆積腐植層」「ルートマット」はミネラルの宝庫

1 一般にはマイナスに考えられているが

草地の土壌表面に蓄積していく枯れ草は、ムダにならないだけではなく、もっと積極的な意味がある。

土といえば、黒土のA層、つまり黒っぽい作土が大事だという認識があり、これが厚いほうがよい土であると一般には考えられている。そのいっぽうで、表層の枯れ草が堆積した層、「堆積腐植層」は軽視されがちである。

一般には、草地では表層に枯れ草や牧草の根が集積した状態を「ルートマット」とよび、草地の収量を減少させるものとして考えられている。それはルートマットが五cmから一〇cm以上にもなると透水

枯れ草という「落ち穂」は土壌微生物を増やし，ミネラルの宝庫

性や通気性が悪くなり、牧草の収量は低下すると考えられてきたからだ。

しかし、この「堆積腐植層」または「ルートマット」には、土に蓄えられている肥料養分をストックしている側面もある。草地更新からの年数がさまざまな草地の表層を観察してみるとこのことがよくわかる。

2 土に蓄えられている肥料養分のストックは草地表層三cmに

◆草地表層三cmに養分が集積

この枯れ草や堆厩肥が堆積した層にはミネラルが集積している。低投入型酪農で堆積腐植層が表層から二・五cm程度発達した草地の土壌を分析してみよう。この草地の化学肥料と堆厩肥を合わせた投入量は、一〇a当たり窒素四kg、リン酸一〇kg、カリウム（K_2O）八kg、カルシウム（CaO）七kg、マグネシウム（MgO）三kgである。これは、北海道農政部で示されている施肥標準（窒素一〇kg、リン酸八kg、カリウム一八kg）にくらべると、窒素とカリウムは低い値になる。

まず、アンモニア態窒素や硝酸態窒素を合わせた無機態窒素は、地下三cmより下の土（三つのA層）では乾土一〇〇g当たり三～四mg程度であるが、表層の〇～二cm層（L層、F層、H層）では九～一三mg程度ある（図5―2）。リン酸も同様に、地下三cmより下の土では乾土一〇〇g当たり三〇～〇・八mg程度であるが、表層の〇～二cm層では一六〇～二八mg程度ある（図5―3）。またカリウムやカルシウム、マグネシウムも同様に表層に多く、とくにカリウムやカルシウムは地下三cmより下の土よりも表層〇～二cmでは一二倍程度はある（図5―4、表5―1）。

たった三cm程度であるが、酪農家にとってこれは大事なストックの一つである。

◆土壌改良目標値との比較

北海道農政部で示されている「土壌改良目標値」と比較してみよう。この土壌改良目標値は、表層から地下五cmまでの土壌を混合採取して分析して求めたものである。

まずリン酸を見よう。リン酸の土壌改良目標値は乾土一〇〇g当たり二〇～五〇mgである。図5―3

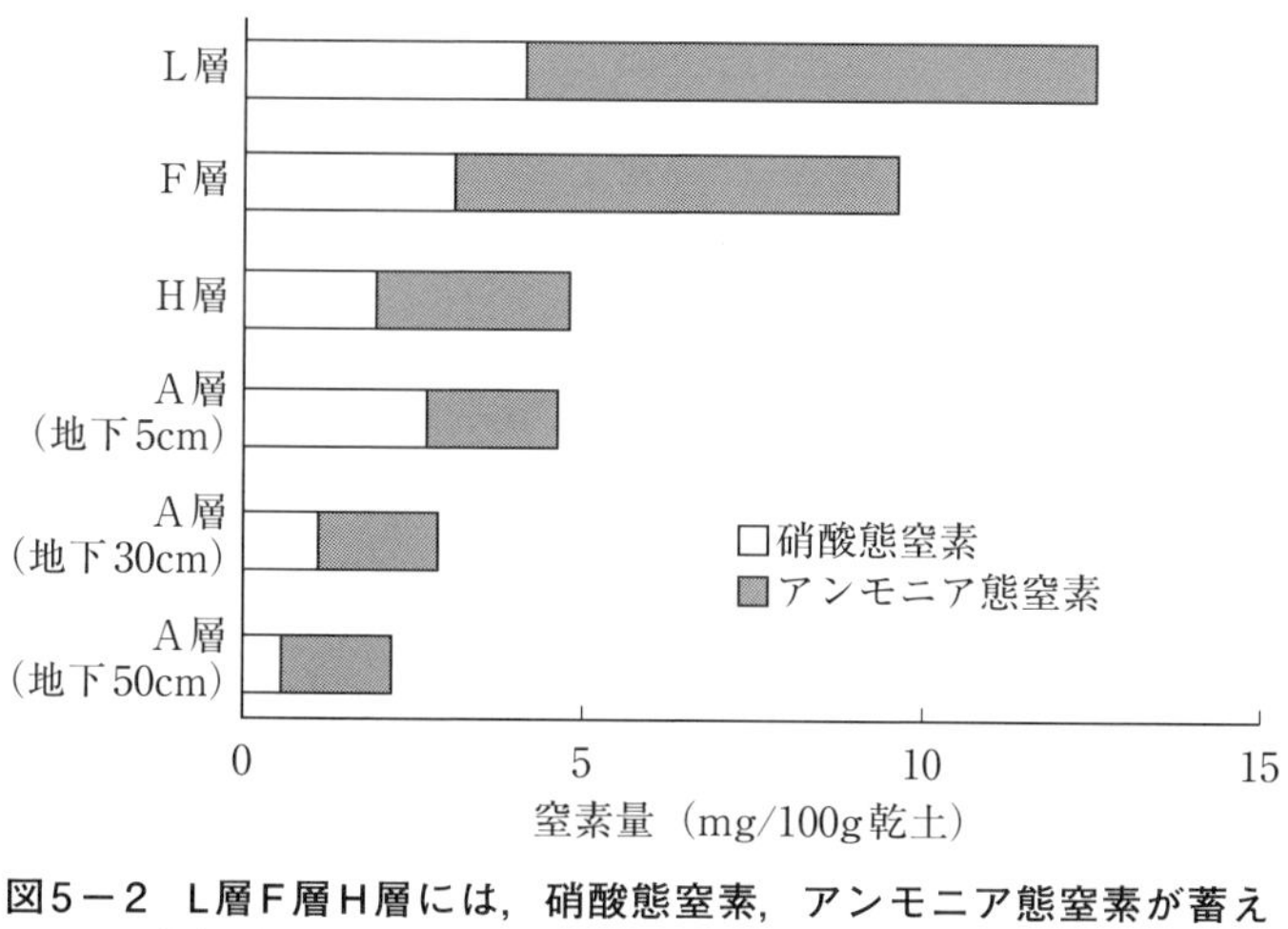

図5―2　L層F層H層には，硝酸態窒素，アンモニア態窒素が蓄えられている

と比較すると、地下三cmより下の土（図にある三つのA層）では三〇～〇・八mg程度と土壌改良目標値よりも同じか低い。しかし表層の〇～二cm層（L層、F層、H層）では一六〇～二八mg程度と、土壌改良目標値よりも最大で三倍程度ある。リン酸の施肥量は施肥標準よりも一〇a当たり二kg多いこともある

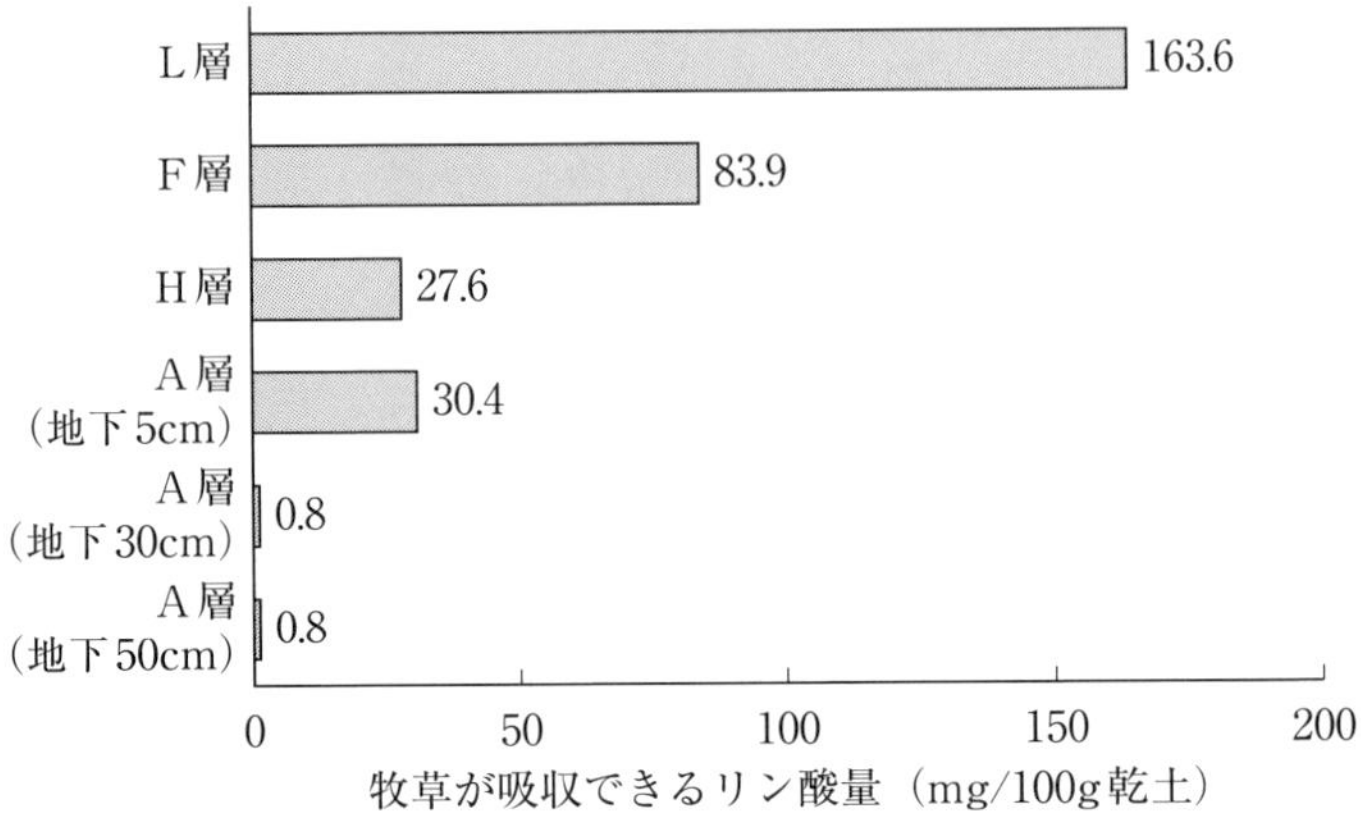

図5－3　L層F層H層には，牧草が吸収できるリン酸（P_2O_5）も蓄えられている

注）牧草が吸収できるリン酸量は，ブレイNO.2法で抽出した値

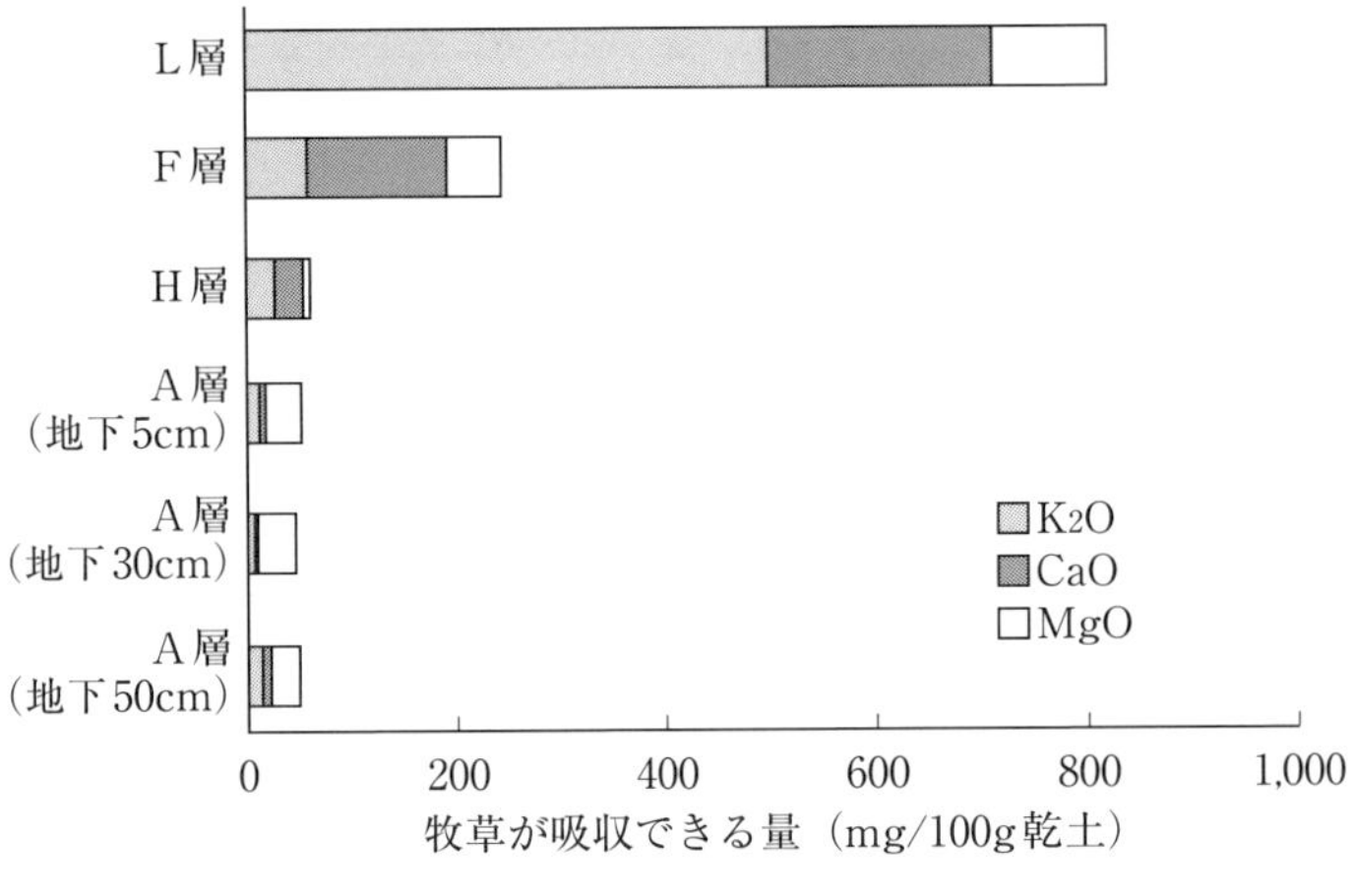

図5－4　L層F層H層には，牧草が吸収できるカリウム（K_2O），カルシウム（CaO），マグネシウム（MgO）も蓄えられている

が、それを考えたとしても、表層の〇～二cm層に蓄積したリン酸の量が多いことがうかがえる。

　カリウムも比較してみよう。カリウムの土壌改良目標値は乾土一〇〇g当たり一五mgである。図5—4、表5—1で比較すると、地下三cmより下の土（A層）では七～一三mg程度と土壌改良目標値よりも低い。表層の〇～二cm層（L層、F層、H層）では四九〇～二八mg程度と、土壌改良目標値よりも最大で三〇倍以上ある。カリウムの施肥量は施肥標準よりも一〇a当たり一〇kg少ないにもかかわらず、表層の〇～二cm層に蓄積したカリウムの量が多いことがうかがえる。

表5—1　L層F層H層A層それぞれのカリウム（K_2O），カルシウム（CaO），マグネシウム（MgO）の含有量（mg/100g乾土）

	K_2O	CaO	MgO
L層	498.7	212.5	109.4
F層	58.7	132.7	51.4
H層	27.7	27.0	6.6
A層（地下5cm）	11.8	5.6	34.0
A層（地下30cm）	7.1	2.2	37.3
A層（地下50cm）	13.0	8.8	28.2

　カルシウムも比較してみよう。カルシウムの土壌改良目標値は乾土一〇〇g当たり二〇〇mgから五〇〇mgである。表5—1と比較すると、地下三cmより下の土（A層）では二～九mg程度と土壌改良目標値よりもかなり低い。表層の〇～二cm層（L層、F層、H層）では二一三～二七mg程度と、土壌改良目標値の下限程度ある。カルシウムの施肥量は一〇a当たり七kgとかなり少ないにもかかわらず、表層の〇～二cm層にカルシウムが蓄積していることがうかがえる。

　マグネシウムも比較してみよう。マグネシウムの土壌改良目標値は乾土一〇〇g当たり二〇mgから三〇mgである。表5—1と比較すると、地下三cmより下の土（A層）では二八～三七mg程度と土壌改良目標値とほぼ同じである。しかし、表層の〇～二cm層（L層、F層、H層）では一〇九～七mg程度と、土壌改良目標値よりも高い値となっている。マグネシウムの施肥量は一〇a当たり三kgと少ないにもかかわらず、マグネシウムも表層の〇～二cm層に蓄積していることがうかがえる。

◆施肥量が少なくても利用効率が高い

このように、低投入型酪農で施肥量が施肥標準よりも少ないにもかかわらず、表層の〇〜二cm層では土壌改良目標値よりも多い肥料養分が集積している。そして、この層に牧草の根の六割が集中している。このように、肥料養分の集積している層と牧草の根が集まっている層がほぼ一致しているのである。

これが、低投入型酪農経営で化学肥料や濃厚飼料からの養分供給量が少なくとも、その利用効率を高くして牧草の乾物収量を確保できている大きな要因であり、この表層の〇〜二cmの層は「窒素とミネラルの銀行＝ストック」ともいえるのである。

◆徐々に厚くなる堆積腐植層

そしてこの層は、一朝一夕にできるものではない。発達していく速度を図5―1の経年草地のデータを元にして計算してみよう。

これらの経年草地は草地更新から一〇年経過していて、堆積腐植層の厚さは約二cmである。平均すると一年間に〇・二cmの割合で増加していることになる。しかし、二〇年から四〇年経過している低投入型酪農では、いずれも堆積腐植層の厚さは約二・五cmである。

これらのことから、草地更新をせずに一〇〇年以上観察してみないと結論は出せないものの、堆積腐植層の厚さは草地更新以降徐々に厚くなり、二〇年ほど経過すると約二・五cmを維持していくものと考えられる。

堆積腐植層とは、牧草の収穫量の一割を枯れ草として土壌の表面にもどすことによって、じっくりじっくりと発達していく窒素とミネラルのストックなのである。

3 枯れ草がつくる牧草にとって快適な環境

——ミネラル層

1 牧草はミネラルが濃い環境を好む

牧草の一部が枯れ草として草地土壌の表面にもどることによって、土壌の生き物たちが生きていくことができ、土壌の生き物たちの働きによって、腐葉土のような土が草地表層につくられる。そして、ここにミネラルが集積している。低投入型酪農経営では窒素投入量を抑えているために、このような堆積腐植層が発達した草地になりやすい。

◆寒地型牧草はアルカリ性の環境を好む

北海道や東北、関東以南でも高冷地では「寒地型牧草」が草地に導入されている。寒地型牧草は降水量が五〇〇〜八〇〇㎜と日本よりも少ない半乾燥地帯（ヨーロッパや中東、北アメリカのプレーリー）が原産の植物である。

半乾燥地帯や乾燥地帯では、水分がどんどん空気中に蒸発していく。土壌中では水と一緒にミネラルも表層に移動するので、半乾燥地帯から乾燥地帯であるヨーロッパや中東、北アメリカのプレーリーは、カルシウムやカリウムが土壌の上層に多くなり、土壌は中性からアルカリ性になりやすい。

そのような半乾燥地帯原産の寒地型牧草（チモシー、オーチャードグラス、ケンタッキーブルーグラスなど）は、ミネラルが濃く土壌が中性からアルカリ性の環境をどちらかというと好むともいえる。

◆堆積腐植層が寒地型牧草向きの条件をつくる

いっぽう、日本は降水量が一〇〇〇㎜以上と多い。雨には二酸化炭素が溶け込み炭酸水、つまり、わずかに酸性になっている。降水量が多いと酸性イオンである炭酸イオンとアルカリ性イオンであるカルシウム、カリウムなどが結びつき、流れ去ってしまう。

草地更新
すると…
ミネラル層が
破壊
される…
草地更新するとミネラル層がこわれ，コストもかかる

このため日本の土壌は一般にカルシウム、カリウムなどが少なくなり、酸性土壌になりやすい。

ここに寒地型牧草が好む土壌条件と日本の土壌の現実とのギャップがある。すなわち、寒地型牧草はミネラル（とくにアルカリ性のカルシウム、カリウムなど）が豊富な土壌を好むのに対して、日本の土壌は一般的にカルシウム、カリウムなどが少ない酸性土壌だということである。

このギャップを解決してくれるのが「堆積腐植層」の存在である。堆積腐植層によって、表層の〇〜二cmに局所的にカルシウム、カリウムなどが豊富な状態を、日本の酸性土壌に再現している。局所的に再現されたカルシウム、カリウムなどが豊富な層（ミネラル層）に、寒地型牧草は根を張りめぐらして、日本の酸性土壌という本来生きていくには都合が悪い環境条件を生きぬいているのである。

2 草地更新するとミネラル層がこわれる

◆ミネラル層と牧草の根域は一致

さて、草地土壌の中でミネラルが比較的たまっているのは、地下〇～二cm程度の部分である。牧草の根の大部分が集中している部分は地下二cm程度のF層とよばれる部分である（写真5―2）。ミネラル濃度の濃い層と、牧草の根の大部分が集中している部分は地下二cm前後のところで一致している（図5―3、図5―4）。

◆ミネラルの集積は堆積腐植層のある草地に

ただし、これは堆積腐植層がはっきりと見られる草地土壌の場合であり、このような草地土壌にするためには前述したように、窒素の投入量を控えた低投入型酪農経営で実現しやすい。

堆積腐植層がない草地土壌では、ミネラルが比較的たまっている層は見られなくなる。堆積腐植層がなければ黒っぽい鉱質土壌（火山灰など）にミネラルは薄く散らばっている状態となる。このような状態は、ミネラルが濃い環境を好む寒地型牧草にとって、あまり適した環境とはいえない。

ごく表層の部分だけとはいえ、寒地型牧草自身が枯れ草を草地の表面にもどすことによって、ミネラルが比較的濃いという好ましい環境を自らつくっているのである。

◆ミネラル層があると草地更新を減らせる

草地の表層〇～二cmだけとはいえ、ミネラルが集積しているという牧草にとって居心地のいい環境は、牧草株の生存年限を伸ばす要因の一つであり、草地更新の頻度を減らせる可能性がある。しかし、草地更新でプラウをかけロータリーをかけて混ぜ込んでしまうことは、表層〇～二cmのミネラルが集積した層をこわして、ミネラルを拡散・埋没させてしまうことになる。これでは草地更新後の牧草株の生存年限を伸ばすことはできない。

3 草地更新した場合としない場合のコストは?

今回調査した低投入型酪農経営の草地を、草地更新する、あるいは草地更新しないという二つの決断をすると仮定して、草地更新をしてしまった場合の土壌分析値と、草地更新をしなかった場合の土壌分析値をもとに、必要施肥量を試算し、肥料コストを比較してみよう。なお、土壌分析値は図5—2をもとにして、以下のシミュレーションを行なっていくことをお断りしておく。

◆草地更新しないほうが窒素肥料を節約できる

草地更新をしない場合、草地の表層〇~二cmには一〇a当たりアンモニア態窒素と硝酸態窒素が合わせて一・五kgある。永年草地の維持として施肥標準通り一〇a当たり窒素が八kg必要だと仮定すると、一〇a当たりの必要な窒素施肥量は六・五kgである。窒素六・五kgの肥料代は三九〇〇円程度である(窒素含量一〇%の化学肥料一kg当たり六〇円とした)。

ところが同じ草地で、草地更新をして深さ一五cmまでロータリーをかけて、表層〇~二cmのミネラルが集積した層をこわして窒素を拡散・埋没させてしまうと、草地の表層〇~二cmには一〇a当たりアンモニア態窒素と硝酸態窒素が合わせて〇・三kgとなるので、その不足分の七・七kgの窒素が施肥量になる。このときの肥料代は四六二〇円程度になる。

草地更新をせずに表層に窒素が集積しているほうが、施肥標準通りの施肥設計をしたと仮定しても少量の肥料で草地を維持することができ、一〇a当たり七二〇円程度の節約になる(表5—2)。

◆肥料の利用効率を高める堆積腐植層

以上の試算は、直接目に見えるコスト、しかも窒素肥料しか問題にしていない。実際には、慣行型の化学肥料や濃厚飼料をたくさん使う酪農経営では堆積腐植層がつくられにくく、化学肥料や濃厚飼料をあまり使わない低投入型酪農経営では堆積腐植層ができやすいことが、見えづらいコストを左右する。それは、第一章「3　化学肥料と濃厚飼料の削減は可能」で述べた窒素やミネラルの利用効率である。

慣行型の化学肥料や濃厚飼料をたくさん使う酪農経営では、酪農場系へ流れ込む窒素やミネラルの量は多い。しかし、堆積腐植層が発達しにくいためにせっかく草地へと流れ込んだこれらの養分をストックしておく場が小さい。そのため、大量の窒素やミネラルが草地へ投入されても流出する割合が多く、有効に利用されにくい。

表5－2　草地を耕起する前と耕起した後の肥料コストの比較

	耕起前	耕起後
L層F層H層の無機態窒素（mg/100g乾土）	7.7	1.5
L層F層H層の無機態窒素（mg/kg乾土）	76.8	15.4
地下3cmまでの土壌量（kg/10a）	19,500.0	19,500.0
L・F・H層の無機態窒素（kg/10a）	1.5	0.3
春施肥必要窒素量（kgN/10a）	8.0	8.0
実際の春窒素施肥量（kgN/10a）	6.5	7.7
春施肥必要量・化学肥料（kg/10a）	65.0	77.0
肥料コスト　（円/10a）	3,901.1	4,620.2

逆に、低投入型酪農経営では堆積腐植層が発達しやすいため、草地へと流れ込む養分をストックしておく場が大きい。このため化学肥料や濃厚飼料の使用量が少量、つまり草地へ投入される肥料養分が少量でも流出せずに草地にストックされ、有効に利用される割合が多くなる。

窒素やミネラルの利用効率を高めることが、化学肥料や濃厚飼料が少量でも酪農経営ができるポイントであり、生産コストを大きく左右する。堆積腐植層という窒素やミネラルをストックできる場の存在は、肥料養分の利用効率を高め、化学肥料や濃厚飼料という大きな生産コストを削減するカギとなる存在なのである。

第6章 牧草にとってよい土壌を考える

——pHと窒素とミネラルだけでは土はよくならない

1 草地更新が必要な理由は雑草の増加

① やっかいなのはギシギシよりシバムギ

さて、草地更新をせずに草地の表面に「堆積腐植層」をつくり、窒素やミネラルを草地の表面に集積させて牧草にとって快適な環境をつくり、化学肥料などのコストを抑制して草地更新のコストをゼロに近づけたいと思っても、そうはできない事情がある。それは草地更新から年数がたつと雑草だらけになり、草地更新をどうしてもしなければならなくなるからだ。

◆雑草増加でTDN収量・乾物収量が低下

雑草は一般にTDN含量が低い。雑草の増加は、TDN収量・乾物収量の低下となってあらわれる。中標津農業高校採草地での調査結果であるが、チモシー主体草地では年間一〇a当たりTDN収量で八三八・一kg、乾物収量で一三三六・六kgだが、シバムギ主体草地ではそれぞれ七二九・五kg、一一八四・三kgとなり、TDN収量・乾物収量どちらも一割強の低下となる（図6—1）。

ギシギシなどの広葉型雑草は目につきやすく、雑草が増えたことをすぐに認識することができるが、やっかいなのがシバムギである。シバムギが主体になってしまった草地は、チモシーが主体の草地とあまり見分けがつかないのである（写真6—1）。

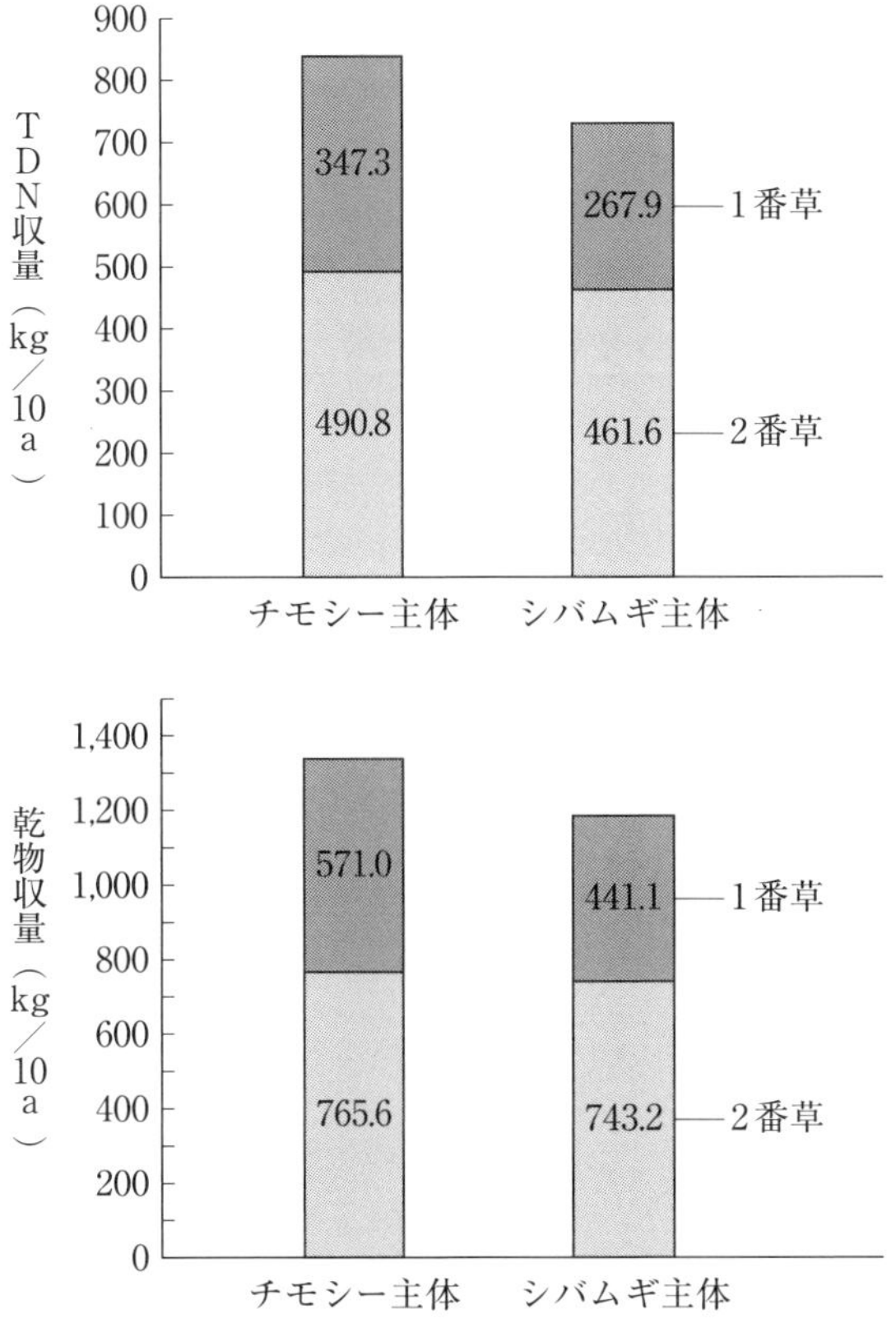

図6－1　シバムギ（雑草）が増えると，乾物収量もTDN収量も低下する

◆シバムギ主体になると乳量が低下する

図6—1で示した雑草によるTDN収量の低下は、チモシー主体草地とシバムギ主体草地の比較であった。みた目にはあまり変わらないのに、シバムギ主体草地の乾物収量もTDN収量も低いために、乳牛飼養可能頭数や生産乳量を減少させる結果となる。

ためしにTDN収量の差に注目して、一ha当たり乳量の差がどれぐらいになるかを考えてみよう（一haに搾乳牛一頭、乳価を一kg（ℓ）当たり七二円と仮定して試算した。表6―1）。

チモシー主体草地ではTDN収量が八三八一kg／haある。そこで期待できる年間乳量は九六四〇kg程度となり、期待できる農業粗収益（乳代）は六九万円程度となる。

シバムギ主体草地

チモシー主体草地

写真6－1　シバムギ主体草地は，チモシー主体草地と見分けがつきにくい

いっぽう、シバムギ主体草地ではTDN収量が七二九五kg／haある。そこで期待できる年間乳量は八一一四kgとなり、期待できる農業粗収益（乳代）は五八万円程度となる。

◆農業粗収益の低下が草地更新を志向する

結果的に農業粗収益として一ha当たり一一万円程

度の差となる。仮に一〇〇haの草地、搾乳牛一〇〇頭をもつ比較的規模の大きな酪農家だと一一〇〇万円の差となり、けして小さな差ではない。

これだけの差があるので、草地更新をしてチモシー主体の草地を取りもどさなければ……と考えてしまいがちだ。しかし、シバムギ主体の草地になってしまうから草地更新が必要になるのであって、チモシー主体の草地を何年も維持できれば、草地更新は必要ないはずである。

表6－1　チモシー主体草地とシバムギ主体草地の生産乳量の比較

	チモシー主体	シバムギ主体
TDN収量（kg/ha）	8,381	7,295
TDN採食可能推定量（kg/ha）	5,448	4,742
乳牛の維持TDN消費量（kg/ha）	2,267	2,267
産乳に利用可能なTDN量（kg/ha）	3,181	2,475
推定乳量（kg/頭/年）	9,640	8,114
推定乳代（円/ha/年）	694,063	584,241

注）1. 乳牛の維持TDNは6.2kg/頭/日，産乳に利用可能なTDN量は，乳1kg当たり0.3kgとした
2. TDN採食可能量はTDN収量の65％とした
3. 乳価は72円/kg（ℓ）とした

2 改良目標に合わせて施肥してもシバムギが増える

◆チモシーが衰退しないよい土壌とは？

「よい土壌」にすると、チモシーが衰退せずに草地更新は長いこと行なわずにすむ、とよくいわれている。では、よい土壌とはどういうものであろうか？

現在、一般的には、土壌のpHが五・五～六・五で土壌中の窒素やさまざまなミネラルが土壌改良目標値に近いことが、よい土壌であるとされている。農協や普及センターなどに依頼すれば、土壌の改良目標値に合わせて、どのような肥料が必要か教えてくれる。

◆改良目標通りの施肥でもシバムギが多くなる

しかし、その通りに施肥をしても、シバムギ主体の草地になっていくことが多いのも、また事実なのである。

写真6―1で示した「シバムギ主体草地」と「チモシー主体草地」は、中標津農業高校の採草地である。どちらの草地も毎年四月下旬に表層から〇～五cmの土壌を採取して農協に分析を依頼して施肥設計をしていただき、施肥設計通りに肥料を購入・施肥を続けてきた草地である。

じつは、「チモシー主体草地」はこの写真の前年に草地更新をしたばかりの草地である。「シバムギ主体草地」はこの写真の時点では一五～一六年草地更新を行なっていない。シバムギ主体草地も草地更新当初はチモシーが主体であったが、年々シバムギが増え、この写真の当時ではシバムギが六割をこえてしまっていた。施肥設計通りに施肥し続けても、シバムギ主体草地になってしまったのである。

これはめずらしい例ではなく、北海道立新得畜産試験場の調査でも明らかになっている。北海道十勝地方一円の草地で調査した結果であるが、草地更新から年数が経過すると、シバムギの割合が増加している実態が報告されている。

3 シバムギ増加のカギはアルミニウム

◆草地の植生と肥料養分との相関

改良目標に合わせて施肥しても、シバムギが増える理由はなにか。ここで、土壌のpHとミネラルの多少に特化した「よい土壌」の概念について、北海道根釧地方中標津町の一二戸の酪農家の方々の二九枚の草地を調査した結果から考えてみよう。

土壌のpHや土壌中の窒素やミネラルと植生との関係をていねいにみていくと、一般的な硝酸態窒素、アンモニア態窒素、リン酸、カリウム、カルシウム、マグネシウムといった養分と植生とのあいだには、マグネシウムを除いて有意な相関関係はみられなかった。マグネシウムが土壌中に多いと、イネ科牧草が多く、シバムギなどのイネ科雑草が少ないことから、改良目標値に合わせて土壌改良することは意味があることといえる。

◆火山灰土とアルミニウムの害

さらに分析項目を増やしていくと浮かび上がってきたことがある。それは、かつてはよくいわれていたのに、現在では忘れられがちな、アルミニウムの害についてである。

北海道根釧地方や十勝地方は火山灰土に一面に覆われている。この土地の開拓は辛酸を極めたが、その原因の一つはリン酸が効かないということである。少量のリン酸肥料を施しても、火山灰土には水溶性のアルミニウムが多く、リン酸とアルミニウムが固く結合して不溶化してしまい効かなくなる。

そこで、第二次大戦後のパイロットファーム計画や新酪農村開発事業では大量のリン酸肥料を投入し、さらに炭酸カルシウムで酸性を矯正して（酸性が強いと水溶性アルミニウムが増える傾向があり、酸性が弱くなると水溶性アルミニウムが減る傾向がある）火山灰土中の水溶性アルミニウムをリン酸と結合させてほとんど不溶化させてしまい、そのうえで肥料としてのリン酸を施肥して草地を造成した。

◆牧草の収量増へ視点が移ったが…

火山灰土壌中の水溶性アルミニウムはリン酸を効かなくするだけでなく、牧草の根に対しても毒性がある。そのため、かつては水溶性アルミニウムをいかに減らしていくかの対策を大々的に行なっていた。

その後、開発事業が一段落し、ある程度牧草が生育できるようになってくると、牧草の収量を増加するほうに視点が移った。収量増加をいちばん左右するのは窒素肥料の量である。そのため窒素肥料を中心として、どのように収量を増加させるかという施肥設計が考えられるようになった。水溶性アルミニウムの問題は、リン酸の大量投入によって解決できると思われるようになった。

しかしながら、チモシーが衰退せず草地更新を長いこと行なわずにすむカギは、依然として土壌中のアルミニウムだったのである。そして、土壌中のアルミニウムの多少は、意外にも窒素の投入量と完熟堆肥がカギを握っていたのである。ここでは、アルミニウムを手がかりに、チモシーが衰退せずに草地更新を長いこと行なわずにすむポイントについて考えてみたい。

2 アルミニウムが増える本当の原因は？

1 炭カルで弱酸性にしても雑草が減らない

◆酸性がアルミニウム過剰の原因とされているが…

アルミニウムは植物の根に悪影響を与え、生育を悪くする。そして、土壌pHがかなり低い強酸性土壌（pH五・〇以下）では、粘土から溶け出すアルミニウムが多くなるといわれている。逆に弱酸性土壌（pH五・五～六・五）では、溶け出すアルミニウムは少なくなるとされている。したがって、アルカリ性の土壌改良資材である、炭酸カルシウム（炭カル）を散布して土壌を弱酸性にすれば、溶け出すアルミニウムは少なくなり、牧草への悪影響は減るはずである。

このようなことから、草地では次のような図式が提唱されている。「強酸性土壌→アルミニウムが多くなる→牧草の根がダメージを受ける→牧草が衰退する→雑草が増える」。そこで、「炭カルを施用する→弱酸性土壌になる→アルミニウムが少なくなる→牧草根のダメージが少なくなる→牧草が衰退しなくなる→雑草が抑えられる」ということで、炭カルの施用が指導されている。

◆実際の圃場では炭カルの施用効果は不安定

たしかに、ポット試験（鉢植え試験）や圃場試験では、炭カルの施用が土壌pHを上げ、アルミニウムを少なくするデータが出ている。しかし、実際の畑ではそうはならないことも多い。

実際に北海道根釧地方中標津町の一二戸の酪農家の方々の草地土壌を調査させていただいた結果で

も、土壌pHが低い強酸性土壌でも、土壌pHが比較的高い弱酸性土壌でも、溶け出したアルミニウムの量に変化はなかった。つまり土壌pHが高いからといって溶け出すアルミニウムが必ず少ないとはかぎらないし、逆に土壌pHが低いからといって溶け出すアルミニウムが必ず多いとはかぎらないのである（図6—2）。

炭カルは土壌pHを上げて弱酸性土壌にして、溶け出すアルミニウムを少なくする効果はあるはずだが、実際の酪農経営を行なっている草地では、炭カルさえ施せばアルミニウムの問題が解決すると短絡的に考えることはできないのである。

これについては、元拓殖大学教授の相馬先生も言及している。札幌市丘珠はタマネギの産地であるが、ここのタマネギ畑を調査した結果、炭カルを施用すると土壌pHは上昇して強酸性土壌から弱酸性土壌になる。しかし、弱酸性の土壌になっても、溶け出したアルミニウムは減らなかったのである。

◆炭カルにはアルミニウムも含まれている

もう一つ注意しなければならないことがある。炭カルにはアルミニウムが〇・三％程度含まれていることである。もし、土壌pHを上げて弱酸性土壌にするために、一〇a当たり四〇〇kgの炭カルを散布すると、〇・一二kgのアルミニウムが投入されることになる。これがただちに溶け出すアルミニウム（水

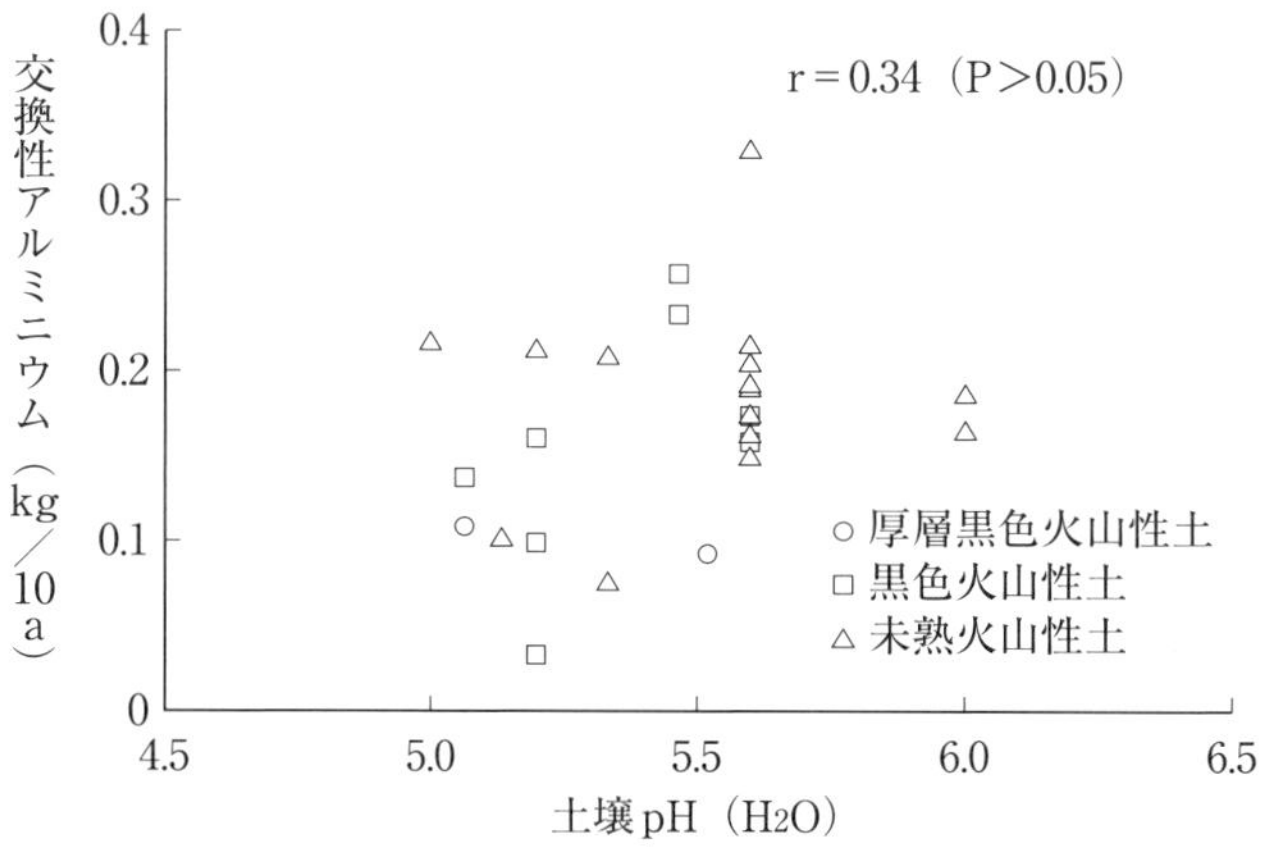

図6－2　土壌pHが上がっても，アルミニウムが減るとはかぎらない

溶性アルミニウム）になるわけではないが、水溶性のアルミニウムになると、一〇a当たり〇・二kgで影響が出てくる。

炭カルを入れ続けることは、アルミニウムも入れ続けることになっていると考えておく必要がある。

2 雑草がはびこる本当の原因は固定したはずのリン酸アルミニウムから遊離したアルミニウムだった

◆イネ科牧草が衰退しない土壌条件

土壌pHを上げて弱酸性土壌にして、リン酸、カリウム、カルシウム、マグネシウムを充分施用すると、水溶性アルミニウムが少なくなり、チモシーなどのイネ科牧草が衰退しないと、現在では一般的に考えられている。そこで、前述したように、北海道根釧地方の一二戸の酪農家の方々の草地土壌を調査させていただき、土壌pH、土壌中の水に溶けやすい窒素、リン酸、カリウム、カルシウム、マグネシウム、アルミニウムと、草地のチモシーなどのイネ科牧草の割合（ここでは冠部被度とした。冠部被度とは上から見たときにどの草が何％しめているかを示したものである）との関係を一つずつ確かめてみた。

◆マグネシウムが多いとイネ科牧草は多くなる

水に溶けやすい（交換性：粘土に緩く結合していて簡単に水に溶ける状態）マグネシウムが多いと、チモシーなどのイネ科牧草が多くなり、逆にシバムギなどの雑草は少なくなる傾向があった。

◆アルミニウムが増えるとイネ科牧草は急減

劇的に影響があったのは、やはり水に溶けやすい交換性アルミニウムであった。交換性アルミニウムが増えると、チモシーなどのイネ科牧草が直線的に少なくなり、逆にシバムギなどの雑草は多くなった（図6—3）。このこと自体は、すでに一九八三年に天北農業試験場で実験的に確認されており、実際の酪農生産現場でも今回の調査で同じ傾向がみられたのである。

シバムギは水溶性（交換性）アルミニウムが多い土壌でも生育できることもあるが、シバムギが優占していく一番の原因はチモシーが衰退することだと考えられる。チモシーが衰退・枯死して地面に隙間ができると、その隙間を埋めるようにシバムギが繁茂してくる。シバムギは強力な地下茎をもつので、

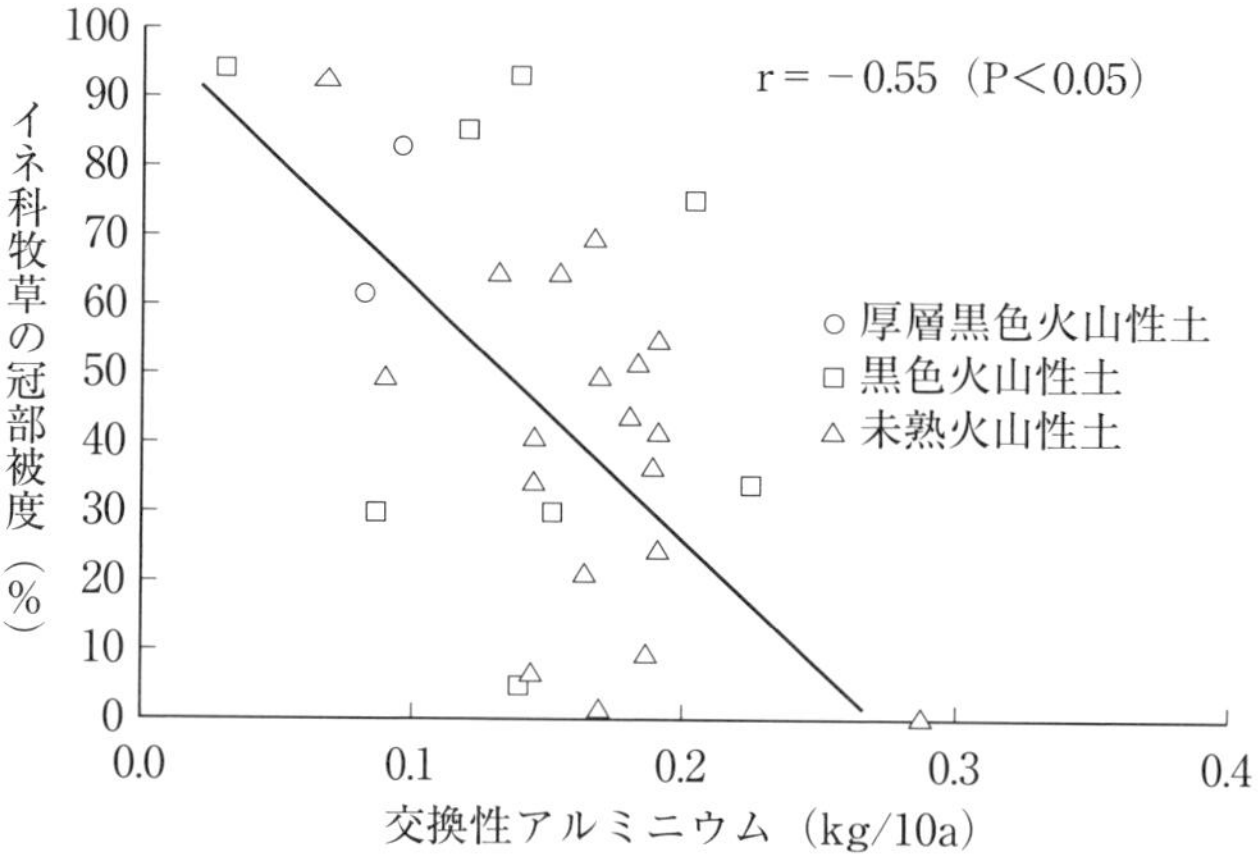

図6－3　交換性アルミニウムが多い草地では，イネ科牧草（チモシー）は少ない

隙間を求めて勢力を拡大していくのである。

◆改良目標値の前提はアルミニウムが少ないこと

水溶性（交換性）アルミニウムが一〇a当たりわずか〇・二kgでチモシーなどのイネ科牧草が半分程度になることが多くなる。交換性マグネシウムが多くなるとイネ科牧草が多くなる相関関係がみられたことから、土壌改良目標値に近づけるとチモシーなどのイネ科牧草が多くなることは確かのようである。しかしそれは、水溶性（交換性）アルミニウムが少ない状態で、という条件付きだったのではないかと考えられる。

ではなぜ、水溶性（交換性）アルミニウムが増加するのだろうか？

3 化学肥料、堆肥、スラリーの多投がアルミニウムを増やす

水溶性（交換性）アルミニウムが増える要因を探るために、土壌pHや土壌中の水に溶けやすい窒素、

化学肥料・堆肥・スラリー多投がアルミニウム（Al）を増やす

リン酸、カリウム、カルシウム、マグネシウム、腐植酸とアルミニウムとの相関関係を一つずつ確かめてみた。

◆炭カルの施用ではアルミニウム害を減らせない

その結果、土壌pHと水溶性（交換性）アルミニウムには負の相関関係がみられなかった。つまり、意外にも土壌pHが上昇しても水溶性（交換性）アルミニウムは減らなかった。また、水溶性（交換性）カルシウムと水溶性（交換性）アルミニウムには負の相関関係がみられなかった。これまた意外にも水溶性（交換性）カルシウムが増えても水溶性（交換性）アルミニウムは減らなかった。

このことから、炭カルだけを施用して土壌pHを酸性（pH五・五以下）から上げて弱酸性（pH五・五以上）にしても、水溶性（交換性）アルミニウムを減らす効果は小さいと考えられる。

同じように、アンモニア態窒素、リン酸、カリウム、マグネシウムが増えても、水溶性（交換性）アルミニウムは減る（あるいは増える）傾向はみられなかった。

◆硝酸態窒素が増えるとアルミニウムが増える

そのいっぽうで、硝酸態窒素と水溶性（交換性）アルミニウムとのあいだには正の相関関係がみられた。つまり、硝酸態窒素が増えると水溶性（交換性）アルミニウムが増えるのである。このことから、水溶性（交換性）アルミニウムが増える要因は、硝酸態窒素があることだと考えられる（図6—4）。

土壌中の硝酸態窒素は、牧草に吸収されてタンパク質の原料になる大事な肥料養分で、その多少は牧草の収量に大きく影響する。しかし、土壌中の硝酸態窒素が多いことは、水溶性（交換性）アルミニウムを増やしてしまう一面もあったのである。

原因はよくわからない。かつて一九六〇年代から一九七〇年代にかけての草地造成事業のときに、水溶性（交換性）アルミニウムを減らすために、溶リンや過リン酸石灰が大量に投入された。大量に投入されたリン酸はその当時土壌中に多く存在していたと考えられる水溶性（交換性）アルミニウムと結合し、リン酸アルミニウムとして水に溶けにくい形で土壌中に大量に存在することになった。このリン酸アルミニウムに、硝酸態窒素がなんらかの作用をして、水溶性（交換性）アルミニウムとして遊離させるようなのである。

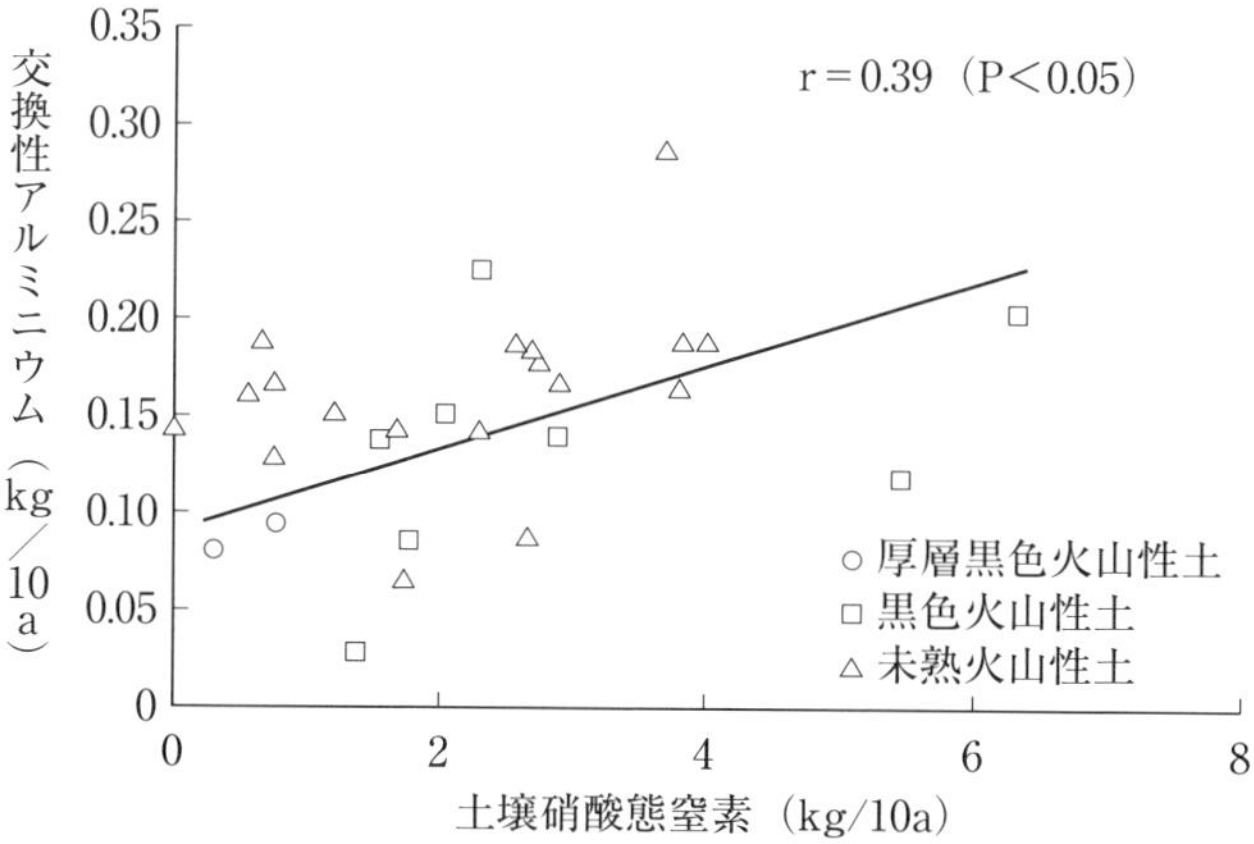

図6－4　土壌中に硝酸態窒素が多いと，交換性アルミニウムも多い

天北農業試験場（一九八三年）の実験では、硫安、塩安を施用して、それぞれ副成分としてはいっている硫酸イオン、塩素イオンが土壌中に増加すると、水溶性（交換性）アルミニウムが増加することが報告されている。また、元北海道大学教授の岡島秀夫先生著『土の構造と機能』（農文協）によると、硫酸イオン、塩素イオン、硝酸イオンなどの陰イオンが土壌溶液中に増加すると、カリウムイオン、カルシウムイオン、マグネシウムイオン、アルミニウムイオンなども土壌溶液中に増加することが指摘されている。最近の草地への化学肥料は尿素系ＢＢ肥料が多いため、硫酸イオン、塩素イオンはほとんど含まれないと考えられる。尿素から発生する陰イオンは硝酸イオンが主体と考えられる。これらのことから考えても、硝酸イオン（硝酸態窒素）の増加と水溶性（交換性）アルミニウムの増加は関連があると考えられる。

◆化学肥料・堆肥・スラリーの過剰投入が硝酸態窒素を増やす

硝酸態窒素が増える原因をさぐっていくと、当然予想されることだが、草地への化学肥料、堆肥、スラリーの投入が考えられる（図6―5）。これらの投入量の増加によって土壌中に硝酸態窒素が増えて収量は増えるものの、水溶性（交換性）アルミニウ

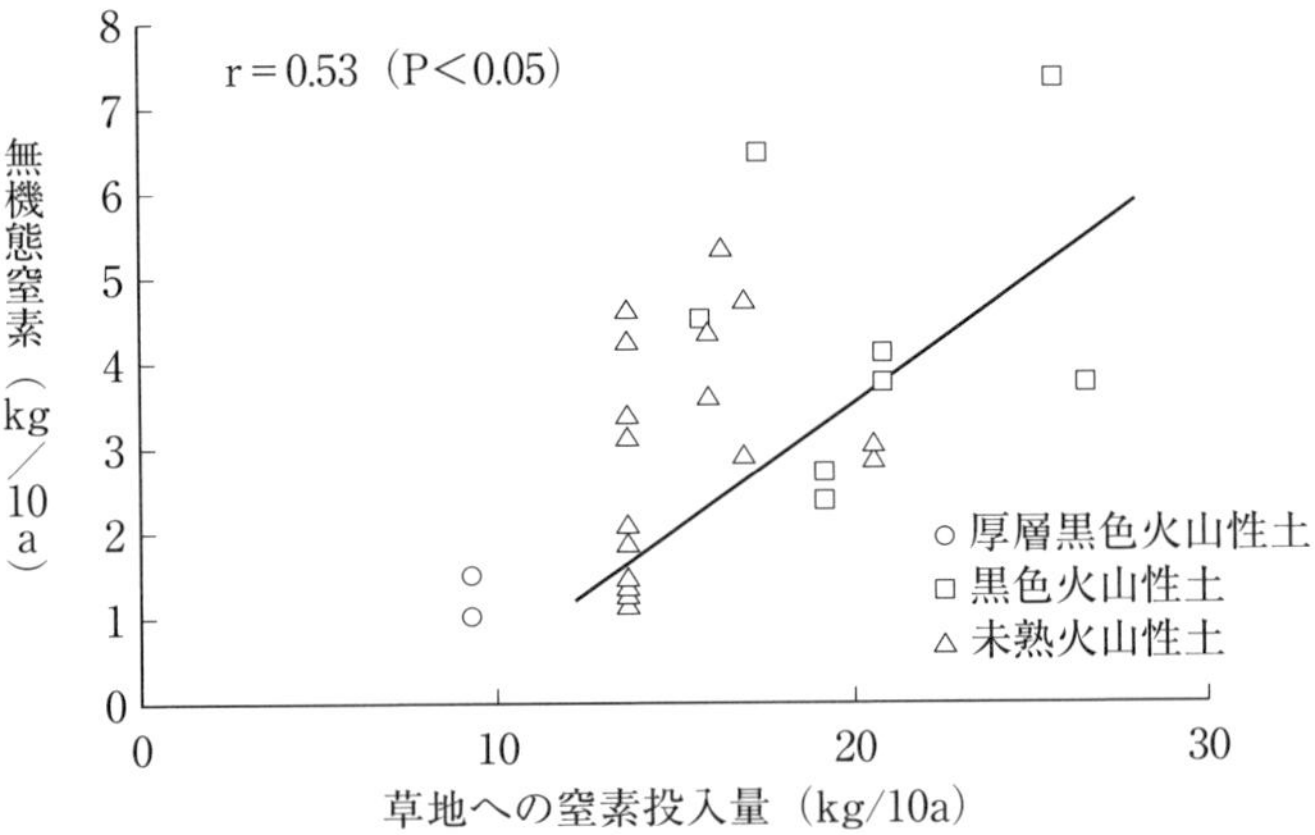

図6－5　草地への窒素投入量が増えると，無機態窒素（硝酸態窒素＋アンモニア態窒素）が増える

ムが増加することによって、チモシーなどのイネ科牧草の根にダメージを与え、イネ科牧草は衰退・枯死する。チモシーなどのイネ科牧草が減って草地に隙間ができると、その隙間をねらってシバムギなどの雑草がはびこり、草地の植生は悪化してしまうのである。

3 更新が必要ない草地をつくるには

1 完熟堆肥がやせた土を改善

いちど水溶性（交換性）アルミニウムが増えてしまうと、いわば「やせた土」になり牧草をはじめとした作物は育ちにくくなる。この「やせた土」を改善する有効な手だての一つとして、完熟堆肥の施用がある。生の厩肥は茶褐色で、糞や敷きわらのセンイが見えているが、腐熟がすすんで完熟堆肥になると、黒くなって土のようにポロポロと崩れるようになる。この「黒くなってポロポロになる」ことに、大きなポイントが隠されている。

先にみたように「やせた畑」に炭酸カルシウムを入れて土を弱酸性にし、化学肥料をたくさん入れても、思ったように収穫量は増えない。このことは、「やせた畑」になっている原因が、化学肥料に含まれる窒素やミネラルの量や土壌のpH以外に原因があることを示している。

そこで堆肥を入れていくと、収穫量が少しずつ増加してくる。だから堆肥には化学肥料にはない「微量ミネラル」を補給する力があるのだと、一般的には考えられている。もちろんそれはまちがいではない。

2 キーワードは腐植酸
――アルミニウムを包み込む

◆完熟堆肥中の腐植酸の効用

なぜ、完熟堆肥が効果的なのだろうか。ここで「腐植酸」とよばれる物質がキーワードとして登場する。腐植酸とは、土壌を黒くする有機物質である。完熟した堆厩肥やよく肥えた熟畑は黒い色をしているが、これは「腐植酸」が多いためである。腐植酸は土の団粒構造をつくって排水性や保水性をよくしたり、土が肥料をつかまえる胃袋（塩基置換容量、CEC）を大きくしてくれたりと、さまざまなよいことをしてくれる。

◆腐植酸がアルミニウムを包み込む

この腐植酸には、遊離した水溶性（交換性）アルミニウムを包み込む働き（キレート化という）がある。土壌中に腐植酸が増えると、水溶性（交換性）アルミニウムが少なくなる（図6―6）。これは腐植酸のキレート化によって、水溶性（交換性）アルミニウムの活性を抑えているからと考えられる。

なお、図6―6では横軸が「腐植酸＋フルボ酸」となっている。「腐植酸」と「フルボ酸」は本来ちがう物質であるが、塩基置換容量を大きくしたり、アルミニウムをキレート化する作用は似ている。そのためここでは「腐植酸＋フルボ酸」を「腐植酸」とひとまとめにしてあつかうことにする。

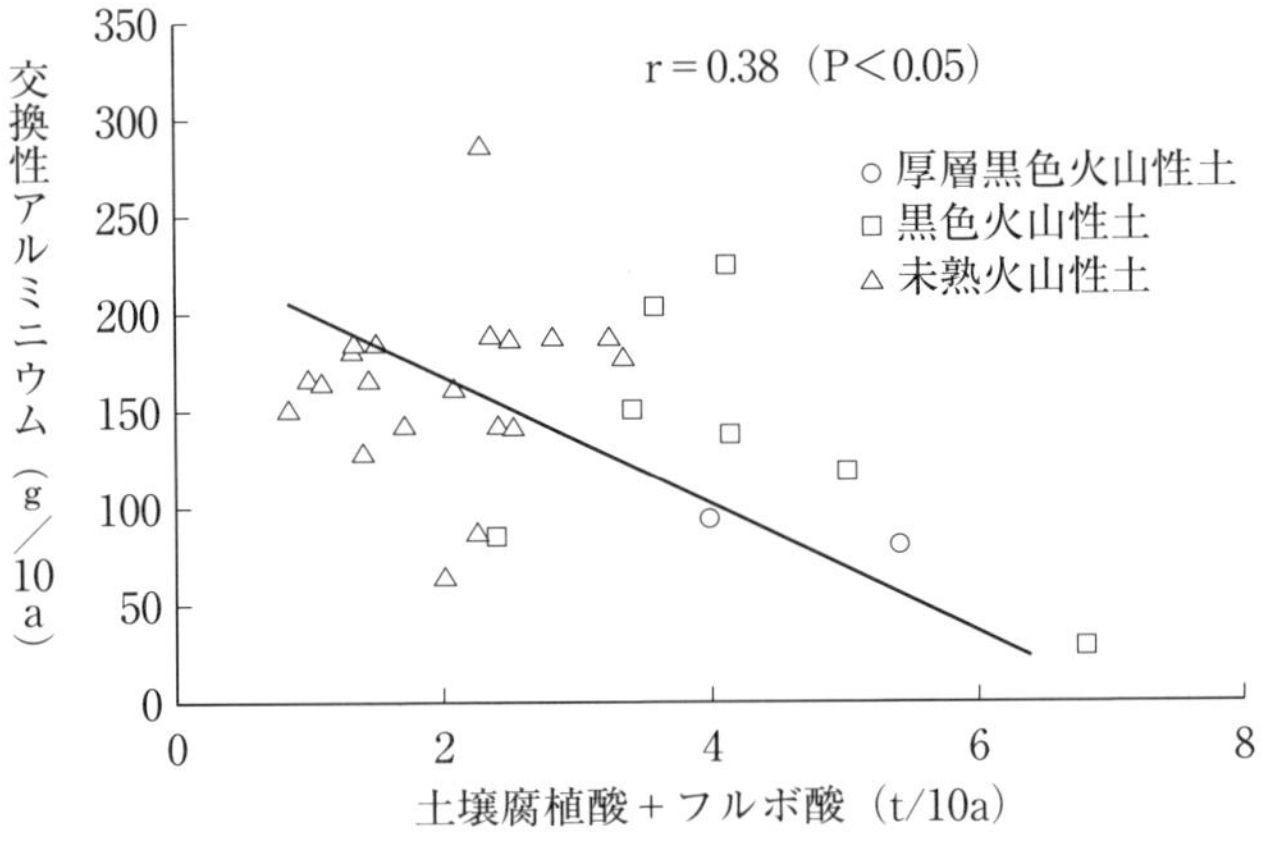

図6―6　腐植酸やフルボ酸は，水溶性（交換性）アルミニウムを抑える

◆腐植酸と少窒素で更新の必要ない草地

腐植酸は、完熟した堆厩肥や、表層に堆積し腐葉土となった枯れ草（堆積腐植層）に多く含まれている。したがって、完熟した堆厩肥をまいたり、枯れ草を草地の表面に一割はもどすことによって堆積腐植層をつくり、腐植酸を増やすことで水溶性（交換性）アルミニウムを減らすことができる。

さらに、化学肥料や濃厚飼料を減らすことで窒素の施肥量を少なくし、土壌中の硝酸態窒素を増やさないことで水溶性（交換性）アルミニウムの増加を防ぐことができれば、三〇年以上草地更新しなくても牧草の密度が高い状態を維持することができる（写真6—2）。

写真6－2　窒素を減らして完熟堆肥を散布すると，このようなきれいな草地になる

4 更新不要の草地が所得率の高い経営につながる

化学肥料と濃厚飼料を減らし、表層にまかれた完熟堆肥や堆積腐植層を大事にする草地管理は、一年当たりの草地から得られる牧草の乾物収量やTDN収量を低下させるが、草地の利用年限は長くなる。いっぽう、化学肥料、堆肥、スラリーの投入量の多い草地管理では、一年当たりの草地の乾物収量やTDN収量は増えるものの、草地更新を行なわなければならなくなる。

草地を一〇年に一回更新した場合と、草地更新をまったくしない場合について、どちらが経営にプラスになるか考えてみよう（図6—7、表6—2）。

草地更新を一〇年に一回まめに更新している酪農家の経営概要は、草地面積八〇ha、乳牛頭数一四四頭（成牛換算）、一頭当たり年間乳量八五四七kgである。いっぽう、草地更新をまったくしなかった酪農家の経営概要は、草地面積五五ha、乳牛頭数五三頭（成牛換算）、一頭当たり年間乳量六三七七kgである。

　化学肥料と濃厚飼料を減らし、表層にまかれた完熟堆肥や堆積腐植層を大事にして草地更新をしない場合よりも、草地更新をした場合のほうが、草地からのTDN収量は約一・四倍になる。そして一ha当たりの乳代は二・三倍になる。しかし、濃厚飼料、購入肥料、草地更新のコストを合計して比較すると、草地更新をしたほうが四倍になる。

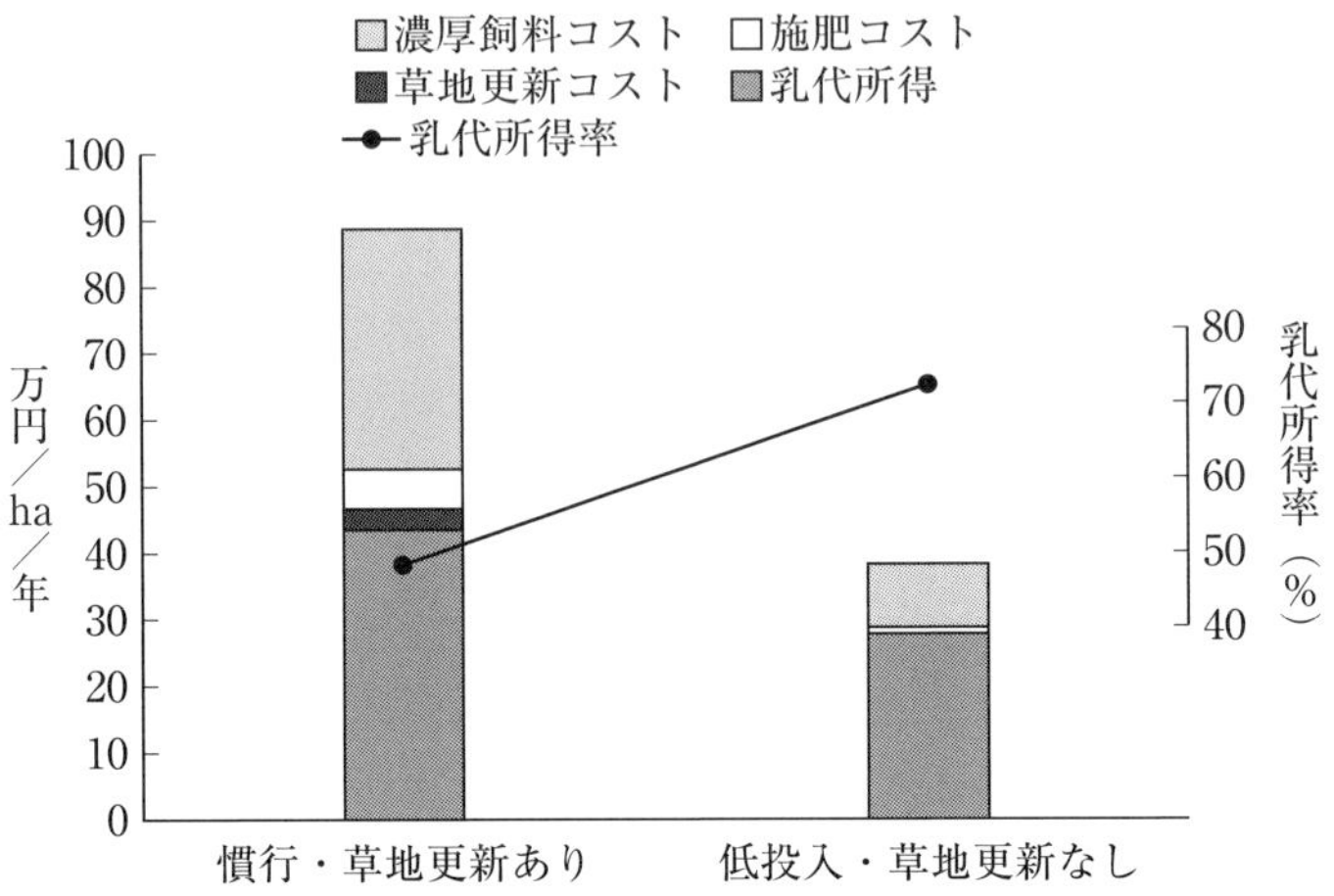

図6－7　草地更新をするとTDN生産量は増えるが，それ以上にコストが増え，所得率は大きくならない

表6－2　調査酪農家の経営概要

	慣行・草地更新あり	低投入・草地更新なし
草地面積（ha）	80	55
乳牛頭数（頭）	144	53
乳量（kg/頭/年）	8,547	6,377
濃厚飼料給与量（kg/頭）	9	5
窒素施肥量（kg/ha）	46	6
TDN生産量（kg/ha）	2,500	1,800
濃厚飼料コスト（万円/ha/年）	36	10
施肥コスト（万円/ha/年）	6	1
草地更新コスト（万円/ha/年）	3	0
乳代（粗収益万円/ha/年）	89	38
乳代所得（万円/ha/年）	44	27
乳代所得率（%）	49	71

注）乳代所得率は，乳代所得÷（乳代粗収益）×100とした

結果的に、乳代からコストを差し引いたところにはいる乳代所得は（濃厚飼料、購入肥料、草地更新のコスト以外はかからないものとして試算する）、草地更新をした場合のほうが約一・五倍になる（図6―7、表6―2）。

しかし、働いた割にふところに残る割合、乳代所得率は、化学肥料と濃厚飼料を減らし、表層にまかれた完熟堆肥や堆積腐植層を大事にして草地更新をしないほうが一・五倍になる。

このように、「みかけの生産性」は草地更新をしたほうが断然高いのであるが、働いた割に見返りは少なく、「本当の生産性」は、完熟堆肥を施用し、堆積腐植層を大事にして、草地更新をしない場合のほうが多いのである。

第7章 集約放牧と粗放的放牧を考える

1 集約放牧と粗放的放牧のちがい

① TDN収量が高く乳量が増加するのは集約放牧

放牧は低コストの酪農経営の重要な技術とされている。放牧にもいろいろな方法があるが、大きく分けて、草を常に短めに維持する集約放牧と、短い草もあれば長い草もある粗放的な放牧がある。ここでは、集約放牧と粗放的放牧の特徴とメリット、デメリットを考えて、長期的にみた場合、どのような放牧を行なうべきかを考えてみよう（写真7―1）。

◆放牧圧のちがい

集約放牧か粗放的放牧かのちがいは、端的に表現すると放牧圧、つまり一〇a当たり何頭搾乳牛がはいるかのちがいになる。

写真７－１　集約放牧のようす

集約放牧の放牧圧はだいたい一〇ａに搾乳牛五頭ぐらいである。この放牧圧にするために牧区を細かく区切って（一牧区一haぐらい）、毎日転牧（牛を入れる牧区を変えること）することも多い。そのいっぽうで定置放牧（牧区を細かく区切らずに大きな放牧地として転牧しない方法）で一〇ａに搾乳牛五頭ぐらいの放牧圧を実現している例もある。

いっぽう、粗放的放牧の放牧圧はだいたい一〇ａに搾乳牛一～二頭ぐらいである。牧区を区切るが、大まかに区切り（一牧区五haぐらい）、一日から二日間隔で転牧する。もちろん粗放的放牧でも定置放牧している例もある。

◆集約放牧のねらい

集約放牧は、濃厚飼料を減らしてもＴＤＮ収量と乳牛のＴＤＮ摂取量を減らさずに、ある程度の高い乳生産量を確保することを目的にした方法である。放牧圧を高めて、放牧前の草丈を二〇cm前後となるべく均一にして、牧草のＴＤＮ含量を高めにして採食させることがポイントとなる。

あくまで一例であるが、一haに四〇頭の搾乳牛を放牧していたとすると、搾乳牛の一日一頭当たりの放牧草の乾物量は三五kg程度になる。搾乳牛の一日一頭当たりの乾物摂取量は二〇kg程度であることを考えると、放牧草の乾物における利用率は五七％程度と高くなる。

集約放牧は、乾物を充分に摂取させて、なおかつその乾物のTDN含量が高いことから、濃厚飼料を節約して、なおかつ省力的に牛を飼い、ある程度の乳量を望む場合に有力な手段とされている。

2 粗放的放牧は一見ムダが多い

◆不食過繁地が三割に

粗放的放牧は、春の放牧開始時期の草丈は一〇cm以下と短い。放牧圧が低いため、よく採食されるところは草丈一〇cm前後になるが、採食されないところは五〇cm程度にもなり、そのような部分が島状に点在する。採食されないところは糞尿が最近落とされた「不食過繁地」で、放牧地面積の三割程度にもなり、一見ムダにみえる。

さらに、放牧草は長くなるとTDN含量は低下してくる。草丈二〇cm前後の牧草のTDN含量は七〇%近いが、草丈が五〇cmになるとTDN含量は六〇%程度に下がる。とくに六月から七月にかけての牧草の伸長期~開花結実期が問題で、この時期はどうしても草丈が伸びがちになる。

◆乾物摂取量は多いが、生産乳量は少ない

これはあくまで一例であるが、五haに四〇頭の搾乳牛を放牧していたとすると、五月下旬の搾乳牛一頭当たりの放牧草の乾物量は一六〇kg程度であるが、七月には二九〇kgと倍近くになる。搾乳牛の一日一頭当たりの乾物摂取量は二〇kg程度であることを考えると、もともと放牧草の乾物における利用率は五月下旬で一三%程度。これが七月になると七%にまで低下する。

粗放的放牧では不食過繁地がみかけは多いこと、放牧圧が低いために、搾乳牛は充分に乾物を食べることができるが、放牧草はあまり気味になる。そして、TDN含量が低くなりがちなことから、一ha当たりの生産乳量は少なくなってしまう。

2 「不食過繁地」からみえる適正な放牧圧

1 「不食過繁地」が大きな役割

◆可食地と不食地が相互に役割を交代

しかし「不食過繁地」は、放牧地という生態系にとって重要な役割をはたしている。糞尿が放牧地にもどされることによってミネラルが循環するが、このミネラルの循環のかなめが不食過繁地なのである。さらに、不食過繁地は、放牧地の植生が多様になることに大きな役割をはたしている。

粗放的な放牧地を観察してみよう。同じ地点を観察していると「可食地→不食過繁地→可食地」というように移り変わっていく。つまり、放牧圧があまり高くなければ「可食地↔不食地」という役割の交代が相互におこり、全体として可食地面積、不食地面積は安定している。

◆三ヵ月から半年で役割が交代する

搾乳牛は放牧されると、糞塊が落ちていないところをまず食べる。よく食べられる部分は草丈が一〇～三〇cmと低くなる。これが「可食地」だ。搾乳牛は場所をとくに選ばずに排糞するので、「可食地」に糞塊が落ちると、搾乳牛はそこを嫌って食べなくなる。食べなくなるために草丈が五〇cm程度と高くなる。これが「不食過繁地」である。不食過繁地も糞塊がだんだんと分解されて土に還っていくと、再び搾乳牛がその場所の放牧草を食べるようになる。

こうして、不食過繁地はだいたい三ヵ月から半年程度で再び可食地にもどる。このため一地点を見ていると、「可食地↔不食地」という役割の交代が相互におきているようにみえる。

2 短草型と長草型の両方の牧草がある

可食地はよく採食されるために草丈は短くなり、

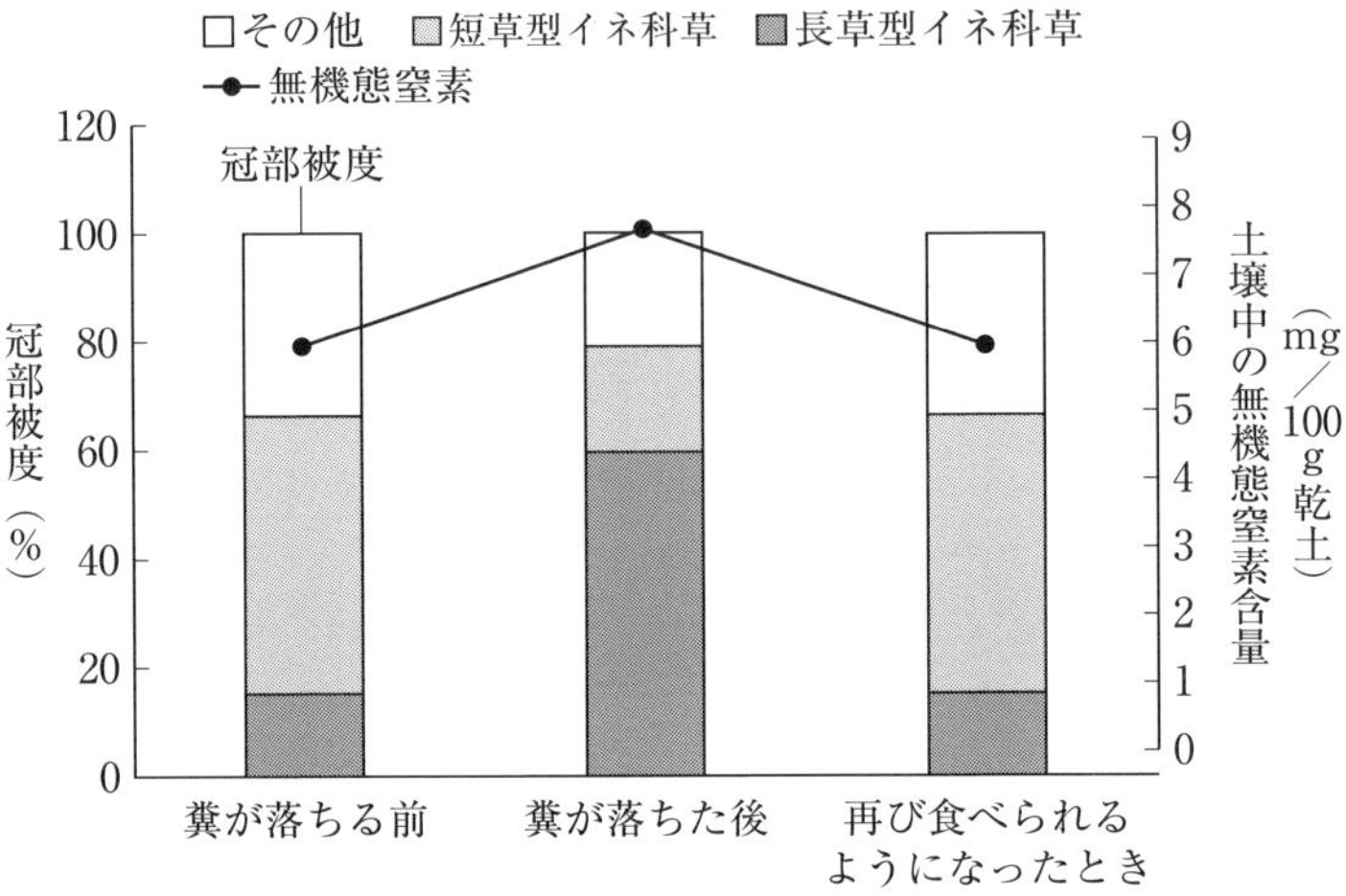

図7－1　不食過繁地は，長草型イネ科牧草が勢力を回復できる場になっている

相対的に放牧圧が高くなり、短草型のケンタッキーブルーグラスが優占してくる。よく採食されよく再生するために、土壌中の窒素は少なくなってくる（図7―1）。

いっぽう、不食過繁地はあまり採食されないために、相対的に放牧圧が低くなり、長草型のチモシーやオーチャードグラス、メドウフェスクが優占していく。土壌中の窒素は比較的高い状態となることも、長草型のチモシーやオーチャードグラス、メドウフェスクが成長するのに有利に働く。

「可食地↔不食地」という役割の交代により、「短草型↔長草型」という交代がおこる。このことによって、短草型、長草型どちらの牧草も生存することができ、放牧地には多種多様な牧草が共存することができる。

3 両方あることがバランスのとれた草地をつくる

短草型、長草型どちらの牧草も生存すると、地面の近くでは短草型のケンタッキーブルーグラスなどがしっかりと地面を保護し、草地の上部では長草型のチモシーやオーチャードグラス、メドウフェスクが風を和らげ、気温や湿度を安定させてくれる。

地面の下も同じように、短草型の牧草はどちらかというと草地表面に近い位置に根を張り、長草型は地面のより深いところに根を張り、薄く散在する水分や肥料養分を吸い上げ、枯れ草になって草地の表面にそれら養分を集積していく。

このように、草地には短草型、長草型どちらの牧草もあるほうが、全体として草地は安定する。

一面採草地のようになってしまうのは放牧圧が低すぎる状態だが、草丈五〇cmぐらいの不食過繁地が島状に点在しているぐらいの放牧圧が、安定した放牧地をつくると考えられる。

3 放牧圧が高まることによる悪循環

1 放牧圧が高まると草地の利用率は高くなる？

さて、集約放牧を行なった場合はどうなるだろうか？

◆放牧圧が高まると「苦い草」になる

集約放牧をすると全体の放牧圧は高まる。そして、乳牛の入牧する回数が増えるため、糞尿がより多く散布される。結果的に不食過繁地の面積が増える。不食過繁地が多くなるために、牛の放牧草の採食量は一時的に低下する。そして放牧草の利用率も一時的に低下する。

これは、糞尿が多くなるために土壌への窒素供給

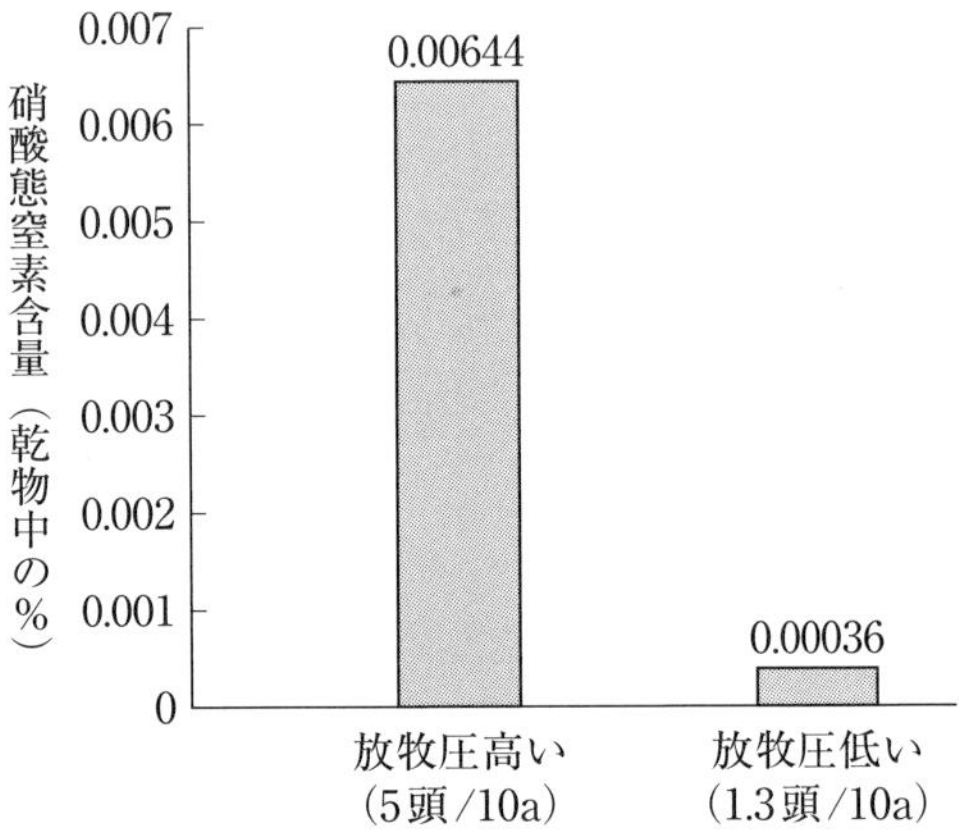

図7－2　放牧圧が高いと，牧草の硝酸態窒素含量も高くなる

量が多くなり、牧草の硝酸態窒素含量が高くなり、いわゆる「苦い草」になることが原因の一つである。実際に放牧圧が一日一〇a当たり一・三頭にくらべて、五頭の放牧地の牧草は、硝酸態窒素含量が高くなっている（図7―2）。

◆草が余っているように見える

この場合、放牧地に草がたくさんあるように見えるが、そうではない。実際には、不食過繁地の面積が多くなっているため、草が余っているように見えるだけなのである。それを放牧圧が低いために草が余っていると判断し、さらに放牧圧を上げて、乳牛に不食過繁地も含めて無理に採食させてしまうことが多い。そのため、みかけの牧草の利用効率は高まる。

2 草地の利用率が高くなると土壌と牧草の硝酸態窒素が増える

◆疾病が増え、窒素の流亡も増える

しかし、入牧回数が増えると糞尿がより多く草地土壌に供給されるため、土壌中の窒素が多くなり、放牧草中の硝酸態窒素は徐々に増えていく。そのため、硝酸態窒素による慢性中毒によって乳牛の疾病が増え、さらに河川などに硝酸態窒素が流出する危険も高くなる。

◆放牧圧は牧草をかじって判断

みかけの牧草の乳牛への利用効率だけで、放牧圧を決めるべきではない。土壌や牧草に窒素が余っているかいないかで判断すべきである。それは分析機器を使わなくても簡単にわかる。放牧草を何ヵ所かでかじってみることである。

牧草を茎からちぎり、茎をかんで甘ければ硝酸態窒素が少ない草、苦ければ硝酸態窒素が多い草である。

苦いものは人間でもあまり食べたくないはずだ。苦味は「その食べ物は危険である」という本能的な信号である。人間が食べたくないものは牛も食べたくないのである。

3 放牧圧が高まると河川へ流出する窒素も増える

また、牧草の乳牛への利用効率を高めようとして放牧圧を上げると、放牧地に糞尿が供給されて窒素の投入量が増える。窒素の投入量が増えると窒素の利用効率は落ち、河川などに流出する窒素（余剰窒素）が増えることになる。

逆に、放牧圧を下げると、糞尿の形で放牧地へ投入される窒素量は減る。窒素の投入量が減ると窒素の利用効率は上がり、河川などに流出する窒素（余剰窒素）が減ることになる。

4 微量ミネラルから考える適正な放牧圧

1 過放牧になるとミネラル不足に

◆糞尿の大量投入で土壌中の微量ミネラルは少なくなる

続いて、微量ミネラルについても考えてみたい。糞尿として放牧地に供給される肥料養分のうち、窒素、リン酸、カリウムは多いが、その他は少ない。

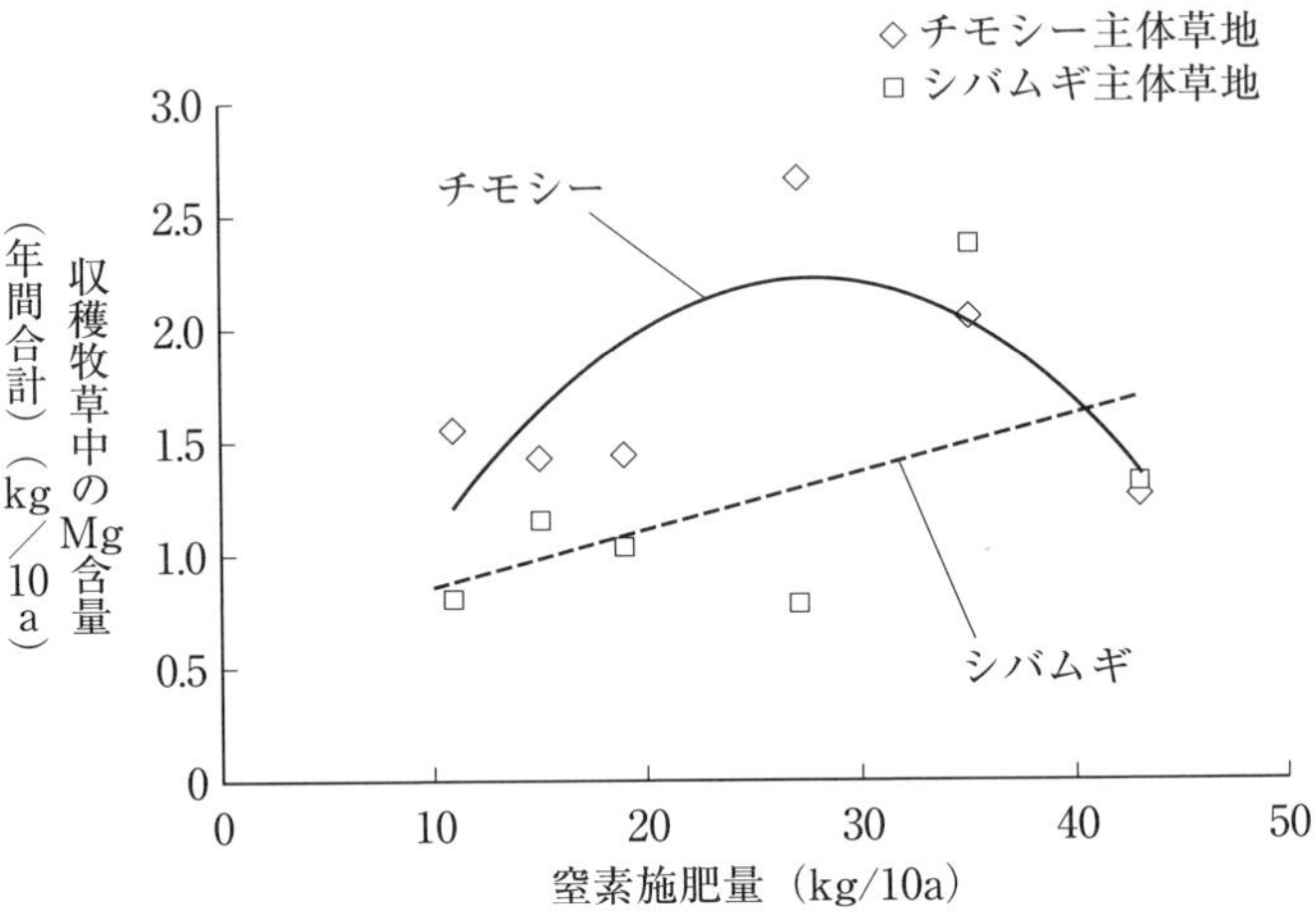

図7－3　窒素施肥量が多くなると土壌中のマグネシウム（Mg）が失われる

糞尿の供給量が多くなると、牧草はおもに窒素の量に対応して生産量が高くなる。ところが牧草の生産量が高くなると、糞尿にあまり含まれていないミネラルが不足するようになる。

牧草は、糞尿からだけではたりないミネラルを、土壌中の蓄えから吸収する。そのため、土壌中に蓄えられている微量ミネラルは、糞尿の大量投入によってしだいに少なくなる。

◆窒素が多いと牧草のマグネシウム吸収は増える

このことを実験的に確かめるために、中標津農業高校のチモシーが主体の採草地とシバムギが主体の採草地に実験区をつくり、人工的に窒素肥料を一〇a当たり一一kg、一五kg、一九kg、二七kg、三五kg、四三kg（同じようにリン酸とカリウムも増やしている）と増やして、牧草体中のマグネシウム吸収量がどのようになるかを実験してみたのが図7―3である。

たとえば、不足するとグラステタニーにかかりやすくなるマグネシウムは、シバムギ主体の草地では、窒素の投入量が増えていくと牧草のマグネシウム吸収量も増えている。マグネシウムの施肥量は増やしていないにもかかわらず、マグネシウムの吸収量が増えているということは、土壌中の蓄えから吸

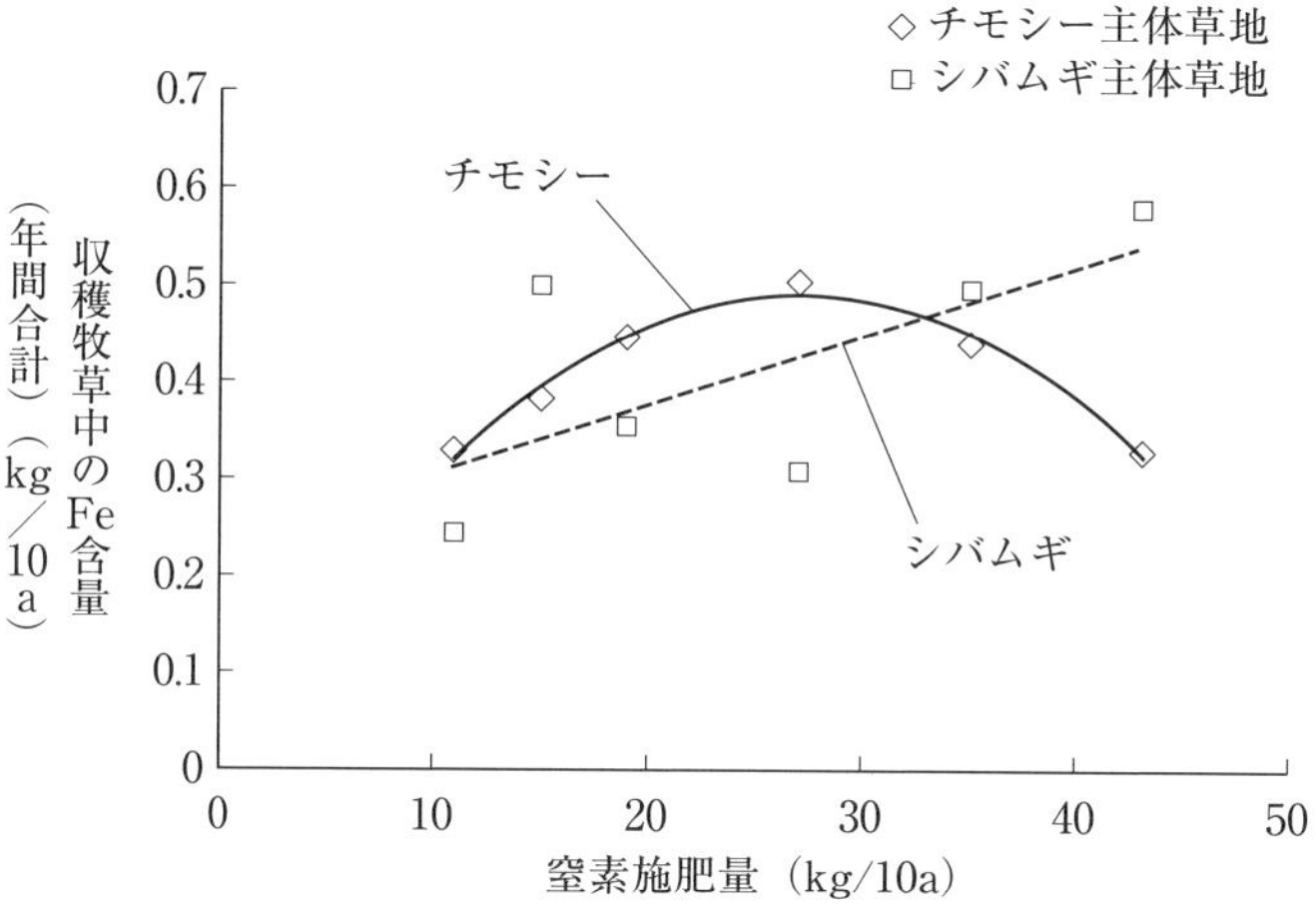

図7－4　窒素施肥量が多くなると土壌中の鉄（Fe）も失われる

収していることが考えられる。このままでは土壌中のマグネシウムの蓄えがなくなってしまう可能性もある。

なお、チモシー主体草地は窒素施肥量一〇a当たり二七kgを超えるとマグネシウムの吸収量が低下している。これは、窒素施肥量一〇a当たり二七kgを超えるとチモシーは乾物収量自体が減ってしまう、つまり、チモシーは肥料をやり過ぎると逆に減収してしまうためである。このことは次の鉄についても同様である。

◆鉄でも同様の傾向

鉄でも同じ傾向がみられる（図7―4）。鉄の施用量を増やしていないにもかかわらず、鉄の吸収量が増えているということは、鉄も土壌中の蓄えから吸収していることが考えられる。このままでは土壌中の鉄の蓄えが同じようになくなってしまう可能性もある。

表7－1　放牧圧が高い場合と低い場合の鉄施肥量の比較

	放牧圧高い（5頭/10a）	放牧圧低い（1.3頭/10a）
草地面積（ha）	55	55
成牛頭数（頭）	37	40
個体乳量（kg/頭/年）	8,784	5,500
生産乳量（t）	325	220
生産乳量（kg/ha）	5,909	4,000
生乳中の鉄含量（%）	0.0001	0.0001
鉄補給必要量（kg/ha）	0.006	0.004
微量要素入り肥料必要量（kg/ha）	0.49	0.33
微量要素入り肥料コスト（円/ha）	433.3	293.3

注）1．放牧圧が高い事例は，北海道宗谷地方I牧場。放牧圧が低い事例は，北海道根釧地方M牧場
2．生乳中の鉄含量は，食品成分表から引用
3．微量要素入り肥料の価格は880円/kgとし，鉄の含有量は1.2%とした

2 微量ミネラルを補給するコスト

◆鉄でコストを試算すると

土壌中に蓄えられている微量ミネラルが少なくなると、微量要素入り化学肥料を放牧地に入れないとたりなくなる。このコストを試算してみよう（表7―1）。

牛乳として農場の外に出ていってしまう微量ミネラル、ここでは鉄とするが、外に出てしまった分だけ補給すると仮定する。放牧圧が一日一〇a当たり一・三頭の放牧地では、一年間で一ha当たり〇・〇〇四kgの鉄が牛乳として出荷される。これを微量要素入り肥料で全て補給すると考えると、一ha当たりの微量ミネラル入り化学肥料のコストは年間二九三円程度になる。

それに対して、放牧圧が一日一〇a当たり五頭の放牧地では、一年間で一ha当たり〇・〇〇六kgの鉄が牛乳として出荷される。これを微量要素入り肥料で全て補給すると考えると、一ha当たりの微量ミネ

ラル入り化学肥料のコストは年間四三三円程度になる。

一年間で一ha当たり年間一四〇円の差は、仮に五五haの草地をもつ酪農経営を行なっていたと仮定して、全ての草地に微量ミネラル入り化学肥料を散布すると仮定すると年間七七〇〇円の差になり、放牧圧を高めることは生産乳量を増やし農業粗収益を増加させることにはなるが、生産コストも増加する。

写真７－２　これぐらいゆったりした放牧がよい

写真７－３　ルーメンの発達した粗放牧の乳牛

◆ゆったり放牧が微量ミネラルのコストを減らす

このことを考えると、放牧圧一〇aに一頭ちょっとのゆったりした放牧が、多種多様な牧草を放牧地に生存させることができて、微量ミネラルの補給もそれほど心配がなく、トータルにみてよいと考えられる（写真7―2、3）。

土壌中にもともとある微量ミネラルは、酪農家にとって大事なストックの一つである。その大事なストックが、放牧圧を高めたり、あるいは化学肥料や濃厚飼料をたくさん使ったりすると、失われていく。失われたものはいつか補わなければならず、ここにコストが発生する。

農業粗収益をひたすら高めたい、そのためには生産乳量を増やしたい、という意識が、コストがコストをよび、豊かな土壌という大事なストックをだいなしにしてしまうのである。

第8章 化学肥料と濃厚飼料を減らした経営は可能

さてこの本も最後の章になった。実際に低投入型酪農を実践されている酪農家の方々の事例を念頭におきながら、生産コストを抑えた経営と土の共通性について考えてみたい。

1 化学肥料と濃厚飼料を減らすと、生産コストは小さくなる

生産乳量を追い求め、農業粗収益を増やすことを目標にした酪農経営では、生産乳量を増やすために必要なのは高いＴＤＮ含量のエサだった。高いＴＤＮ含量で乳がよく出てくれるエサはなんといっても「濃厚飼料」である。そのため、生産乳量を増加させるには、濃厚飼料をたくさん給与することが有効な手段である。

さらに、粗飼料のＴＤＮ含量を上げるために、出穂期には刈り取り、サイレージをつくり、さらに牧草の収穫量を高めるために「化学肥料」をたくさん使うことが有効である。

生産乳量を拡大し農業粗収益を増やすことを目標にすることによって、結果的に濃厚飼料と化学肥料をたくさん購入しなければならない酪農経営になっ

てきた。そしてそれは、生産コスト全体を大きくしてしまい、農業粗収益の一割から二割程度しか農業所得としてふところに残らないことになってしまった。このように生産コストのかなりの部分をしめるのは「化学肥料」と「濃厚飼料」である。「化学肥料」と「濃厚飼料」を減らすことができれば生産コストはかなり抑えられることは、ここまでくると、容易に理解できると思う。

もちろん、理屈では「生産コスト」を抑えることは容易であるが、実際にはなかなかできるものではない、というのが正直な感想だと思う。規模拡大を続けてきた酪農家が、どのように低投入型に切り替え、「生産コスト」を抑えてきたかを少し紹介したい（カコミを参照）。

高泌乳牛群をもっていたMO牧場の転換

・一万kg牛群と五五〇〇kg牛群で所得が同じ！

低投入型に切り替えた代表的な酪農家として、北海道根釧地方別海町のMO牧場がある。この方は、むやみに乳牛頭数は増やさなかったものの（一haに成牛換算頭数一頭以上は飼養していた）個体乳量は年間一頭当たり一万kgに達しており、いわゆる高泌乳牛群であった。そのため濃厚飼料の給与量と化学肥料の投入量はけっして少なくはなかった。この時点においては、農業粗収益が高いために充分な農業所得を確保できており、ご自身の酪農経営に自信をもたれていた。

しかし、北海道根釧地方中標津町のMI牧場との出会いが大きな転機となる。MI牧場は一haに成牛換算頭数一頭であり、乳牛頭数はMO牧場より少なくかつ個体乳量は年間一頭当たり五五〇〇kgにもかかわらず農業所得はほぼ同じだったのである（写真8—1、2）。

・乳代所得率の発見と生産コストの中身

このことに衝撃を受けたMO牧場とかねてから勉強会を続けてきた酪農家の方々が、MI牧場とともにその理由を探求していった。そこで到達したのが農業所得率、とくに乳代所得率の発見と生産コストのかなりの部分が「濃厚飼料」と「化学肥料」であることの再発見だったのである。

乳代所得率を上げるためには生産コストを抑えなければならない。しかし、生産コストの抑制とは「濃厚飼料」と「化学肥料」を減らすことである。はたしてこれらを減らして乳牛は牛乳を生産してくれるのか。大きなかっとうがあったことが想像される。ここでポイントになったのは「動く」と「働く」はちがうという共通認識であった。仕事をするということは「動く」ことであるが、「動いた」分だけ結果が出なければ「働いた」ことにならない。「動いた」分だけよりよい結果を出すということは、より質の高い仕事をしたことになる。より質の高い仕事をしたい。この思いが生産コストを抑制していこうとする原動力となった。

写真8－1　MI牧場牛舎（大量の乾草給与）

写真8－2　MI牧場の堆肥舎

・牛と草の観察がコスト抑制の基本

MO牧場とかねてから勉強会を続けてきた酪農家の方々は、乳牛の状態をみながら少しずつ濃厚飼料の給与量を減らしていった。このときに役に立ったのが、意外にも高泌乳（年間一頭当たり一万kg）のための飼料給与を実践してきた体験だったと思われる。高泌乳のために濃厚飼料を増やしていくことは、乳牛の状態についての細やかな観察と飼料給与を含めた飼育管理が欠かせない。このときに養われた経験と知識が、逆に乳牛に負担をかけないように濃厚飼料を削減していくことを実現させた、大きな力になっていると思われる。

同じことは草地にまく化学肥料にもいえる。草地の植生や収量の状態をみながら、段階的に化学肥料を減らしていった。

濃厚飼料と化学肥料が減っていくと、農場全体で飼養できる乳牛の頭数は減らさざるを得ない。このことが逆に、自分の農場にとって牛群に残すべき牛はなにか？ について考えを深めるきっかけとなった。

このように、高い乳代所得率と生産コストの抑制を実現している低投入型酪農は、牛と草の観察をしながら、そしておもに乳代所得率に注目した経営の診断をしながら、段階的に実現したのである。

2 化学肥料と濃厚飼料（窒素）を減らすことが土のストックを大きくする

「化学肥料」と「濃厚飼料」を減らしていくと、農場全体に投入される窒素が少なくなる。そして、農場全体の窒素が少なくなると、土壌に有機物が蓄積しやすくなる。

化学肥料や濃厚飼料が少ないと、土壌表層の窒素は少ない状態となる。炭素に対して窒素が少ない状態では、土壌表層に積もっていく堆厩肥や枯れ草などの有機物の分解はゆっくりとすすみ、土壌の表面に堆積腐植層として蓄積していく（図8―1）。堆積腐植層に蓄えられた窒素やミネラルが肥料養分のストックとなり、これを大きくすることが、さらに肥料などの投入量を抑制できることにつながる。

さらに堆積腐植層の発達した草地は、土壌を黒くする物質である腐植酸が多くなる。腐植酸が多い土は「塩基置換容量」が大きく（図8―2）、水溶性（交換性）の窒素やミネラルをストックする力が強い。このため、少ない肥料もムダに流亡させず、効率よく利用できることになる。さらに、土の団粒構造を発達させ、排水性も保水性も高め、干ばつにも長雨にも強い草地になるのである。そして腐植酸が多い土は、植物の生育を大きく抑制する水溶性（交換性）アルミニウムを少なくする効果もある。

少量の、本当に必要な分だけの肥料で、牧草を育てくれる土が農家にとって大切なのである。そのような土は、過度に「化学肥料」と「濃厚飼料」を入れてしまうとできない。「化学肥料」と「濃厚飼料」をできるかぎり少なくして、完熟堆肥をつくり草地に入れていくことが大切なのである。

表面に堆積腐植層があり、団粒構造が発達し、胃袋（塩基置換容量）が大きく、水溶性（交換性）アルミニウムが少なく、少ない肥料を有効に使い切れる土壌、これこそが農家にとって一番大事な「ストッ

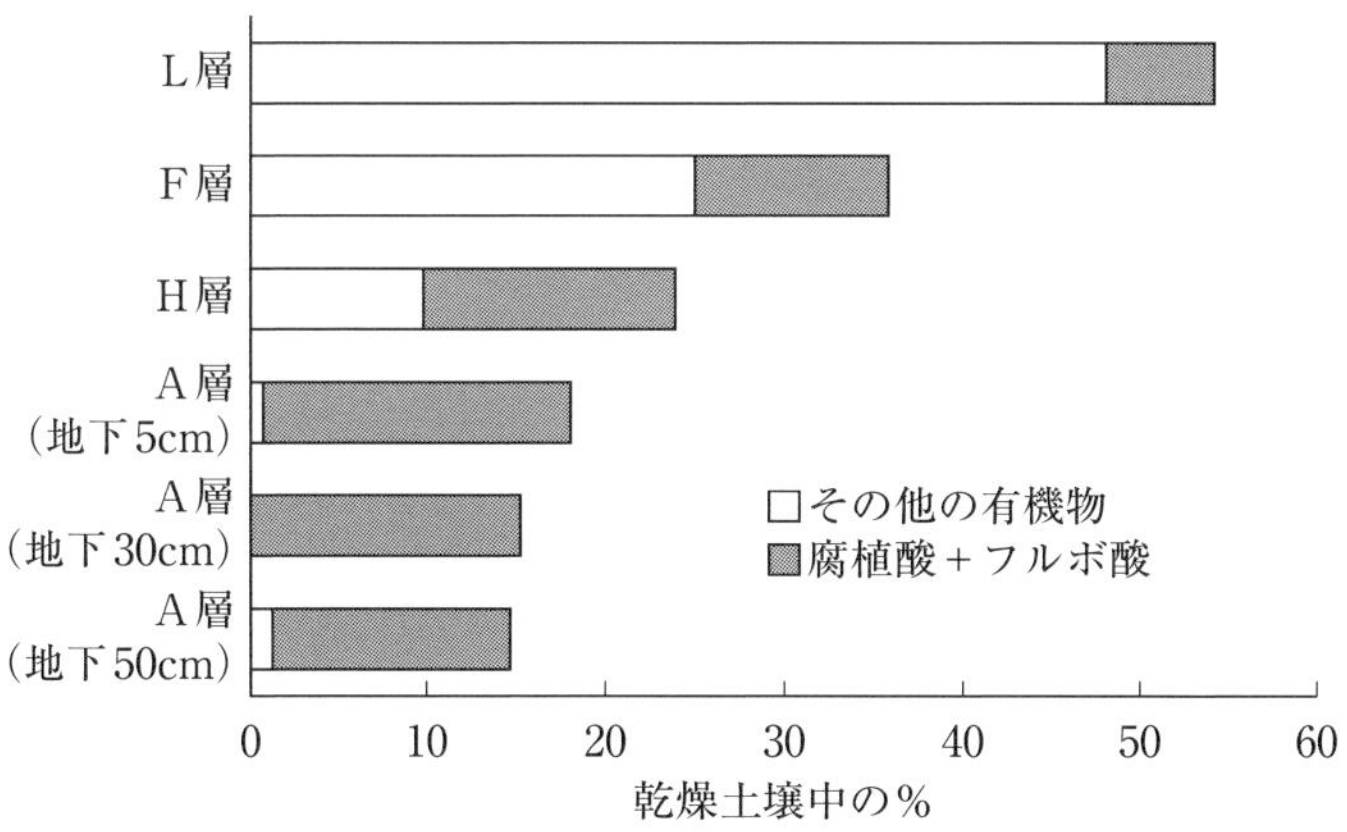

図8－1　窒素を少なくして完熟堆肥を施していくと，表層に有機物や腐植酸，フルボ酸がたまる

注）図5－2～4と同じ低投入型酪農の草地

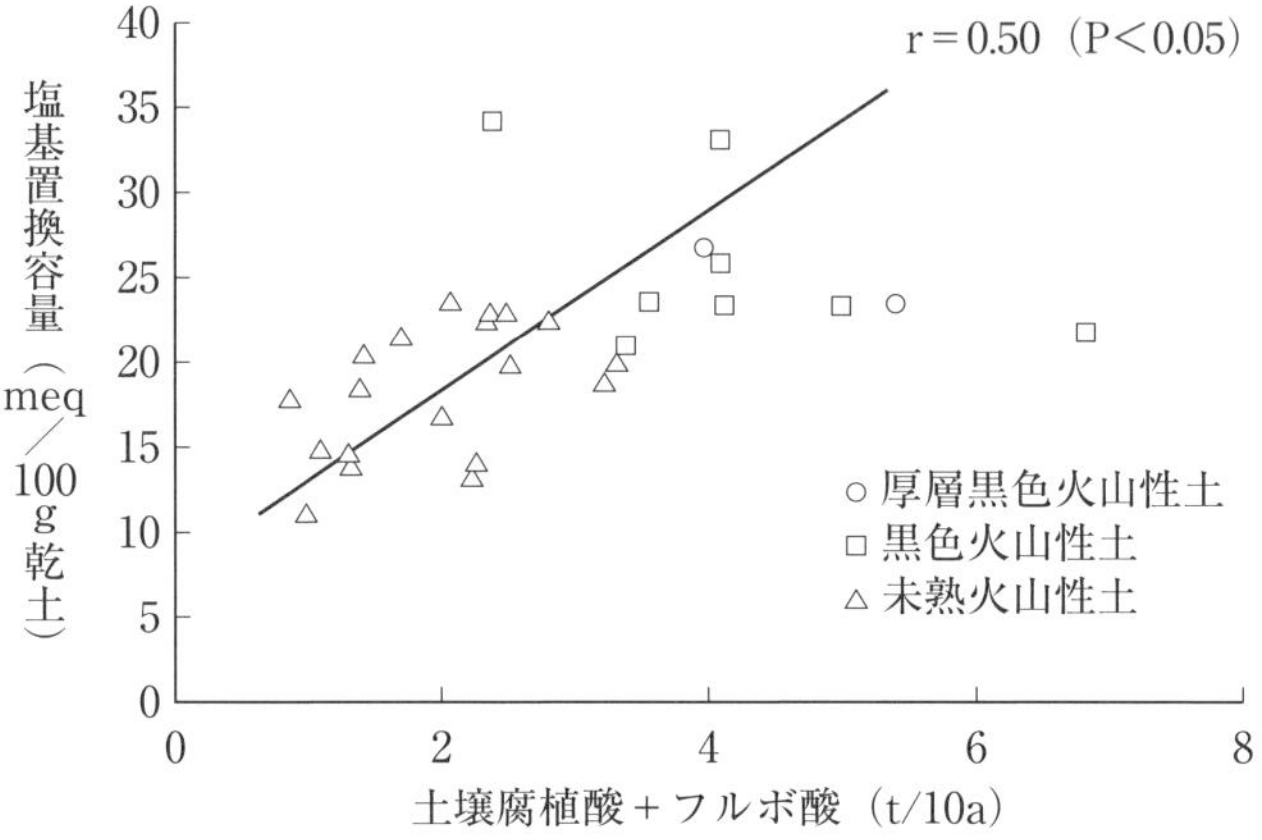

図8－2　腐植酸やフルボ酸が増えると，土の胃袋（塩基置換容量，CEC）が大きくなる

ク」なのである。もちろん、これは低投入型酪農に転換したからといってすぐにできることではない。写真5—3（92ページ）の放牧地の表層は、草地更新から二〇年から二五年かけてできあがった姿である。

3「生産コスト」を減らした酪農経営は、「農業所得率（乳代所得率）」が高い

「化学肥料」と「濃厚飼料」を減らして生産コストを抑えた酪農経営は、農業所得率（乳代所得率）が高くなる。逆に、「化学肥料」と「濃厚飼料」を増やして生産コストをかなりかけた酪農経営は、農業所得率（乳代所得率）が低くなる。

これは、「化学肥料」と「濃厚飼料」という生産コストを抑えると、「化学肥料」と「濃厚飼料」の利用効率が高くなり、逆に「化学肥料」と「濃厚飼料」を増やすと、「化学肥料」と「濃厚飼料」の利用効率が低くなるためであった。

「化学肥料」と「濃厚飼料」をうまく使い切るには、少量を的確に使うことがポイントである。とくに化学肥料の施肥タイミングは重要である。実をつけるために生きている牧草が、本当に肥料をほしがっているのは幼穂が動きはじめる直前、チモシーでいえば葉が三枚から五枚になったとき、草丈では一二〜

農業所得のアップは化学肥料と濃厚飼料を減らすことで実現する

一四cmのときである。

4 高い「農業所得率」が、「農業所得」を確保する

生産コストを抑えると、生産乳量は低下し、農業粗収益は低下する。しかし、生産コストが効率的に利用されるために、農業粗収益の低下以上に農業所得率が上昇する。結果的に、農業粗収益から生産コストを差し引いた農業所得は、さほど低下しない。

農業経営、とくに家族経営にとって、生産コストの抑制とストックの充実はとても重要なポイントである。そしていちばん大事なストックは、少量の肥料を使い切れる土壌なのである。土壌の劣化防止、つまり胃袋が大きく災害にも強い、施肥反応のよい土壌（ストック）を失わないようにすることが、グローバリゼーションのなかで家族経営が生き残っていくカギとなる。

ＴＤＮ含量が高くなければという思い込みから抜け出すことによって、劣化しない土壌を守ることができ、結果的に円安にもＴＰＰにも振り回されない農業経営ができるのである。

土壌の劣化防止と生産コストの削減は、少なくとも酪農では両立することができる。それは、化学肥料と濃厚飼料の削減が、完熟堆肥の生産を可能にして、土壌の劣化を防止できるということである。そして、劣化していない土壌が、さらに低コストの農業生産を可能とする、というよい循環にすることができるのが、酪農の本来の強みなのである。

■著者略歴■

佐々木　章晴（ささき　あきはる）

1971年北海道野付郡別海町西別原野生まれ。12歳まで根釧地方で育つ。1996年帯広畜産大学・畜産環境科学専攻修了。大学・大学院在学中は集約放牧による乳牛飼養技術に関する研究に従事。1996年4月より富良野農業高校を皮切りに農業教員として勤務し，主に栽培環境を担当する。2000年4月より中標津農業高校に配属。2001年よりマイペース酪農のモデルとされる三友農場の調査研究を開始する。

2007年4月より北海道当別高等学校園芸デザイン科教諭。近年の主要な研究テーマは，自然環境に負荷をかけず経営にも優しい酪農のあり方への探究。

これからの酪農経営と草地管理
土-草-牛の健康な循環でムリ・ムダをなくす

2014年6月30日　第1刷発行

著者　佐々木　章晴

発行所　一般社団法人　農山漁村文化協会
郵便番号　107-8668　東京都港区赤坂7丁目6-1
電話　03(3585)1141(代表)　03(3585)1147(編集)
FAX　03(3585)3668　振替　00120-3-144478
URL　http://www.ruralnet.or.jp/

ISBN978-4-540-13151-6　DTP製作／(株)農文協プロダクション
〈検印廃止〉　印刷／(株)光陽メディア

製本／根本製本(株)
Printed in Japan　定価はカバーに表示

乱丁・落丁本はお取り替えいたします。